U0020726

藍學堂

學習・奇趣・輕鬆讀

INSPIRED:

How to Create Tech Products Customers Love

產品 專案
管理 全書

專案管理大師教你用可實踐的流程
打造人人喜愛的產品

馬提・凱根 Marty Cagan　著

洪慧芳　譯

目次

業界好評

在實際工作上給了一套清楚的邏輯，是新手專案管理者的實務指南，同時提供資深專案管理者重新思考、定位產品與市場適配的機會。這是所有面對未來轉型發展的專案經理必讀的一本書。——周郁凱（Yu-Kai Chou）遊戲化與行為科學設計先鋒，The Octalysis Group 總裁

「很難找到像凱根那樣，透過產品領導力影響創業者、在高成長公司大企業數十年的人。所以當他決定把多年知識濃縮成書時，這本書成了必讀佳作！」——艾維德·拉利查德·達根（Avid Larizadeh Duggan），前 Google 創投公司（GV）一般合夥人

「凱根談論及撰寫產品時，明顯看出他傳授的一切都有身體力行的依據。他知道『卓越科技』與『以卓越科技為本的卓越產品』之間的差異。」——畢永·卡爾森（Bjorn Carlson），Google 雲端平台工程團隊的領導者

「產品管理的藝術就是生活的藝術。與優秀人才為伍，專注於產品魅力，誠實打造卓越產品，想法堅定但態度淡定。凱根是這門藝術的最佳導師。」——普尼特·松尼（Punit Soni），Robin 公司的創辦人兼執行長、Google 前產品經理

「產品管理創造了產品的藝術和科學，能創造出讓每家公司之所以存在的產品，是事業的核心。凱根以無人能及的方式，教導數位產業理解及熟悉產品管理。是想在未來市場上立足者都該拜讀的好書。」——弗瑞克－馬太·費勒（Frerk-Malte Feller），Facebook 產品總管

「凱根是打造卓越產品的專家，他親自培訓及指導過世界各地多元產業的產品經理，也教導過網路時代最成功的網路公司。第二版是從凱根的豐富專業與知識中擷取更多資訊，分享全球卓越的公司如何打造顧客喜愛的商品。」
——麥克‧費雪（Mike Fisher），Etsy 技術長

「如果你只讀一本產品管理書，就是這本了。」——查德‧迪克森（Chad Dickerson），Etsy 前執行長

「這本書幫我們改變組織及運作方式。針對變革、可行方案、根本事實，凱根提出一套非常有說服力的論點，幫我們持續在正軌上運作。」——安‧耀格（Ann Yauger），車美仕（CarMax）產品協理

「我領導產品開發時，遇過一些偶然的成功和令人費解的失敗。這本書幫我了解產品經理和產品團隊該如何運作，我真希望多年前就拜讀過這本書。」——傑夫‧帕頓（Jeff Patton），敏捷產品指導教練

「我認識的人中，對產品管理知識和見解的廣度和深度沒人比得上凱根。讀一般商管書時，常花 30 分鐘迅速瀏覽後，你會質疑那本書有沒有 14.99 美元的價值，但這本書不一樣，你可以深入研讀、討論、用來教學、拿給管理高層看，並善用書中內容改造公司或職涯。」——凱里‧羅賓森（Kyrie Robinson），線上教學網站 Chegg 用戶體驗副總裁

「這本書的新版以驚人的知識和經驗為基礎，提供更多的見解、啟示和架構，是每家產品公司都不可或缺的好書。」——查克‧蓋革（Chuck Geiger），線上教學網站 Chegg 公司技術長兼產品長

「我和 Heroku 團隊經歷過 50 人到 150 人的擴張期，當時這本書對我們來說是寶貴資源。是每位產品領導者都該擁有的好書。」──亞當・威金斯（Adam Wiggins），雲端平台服務 Heroku 共同創辦人

「我拜讀第一版時，還是年輕的產品經理，那本書塑造了我的思維。現在我把這本書列為學生指定讀物，確保他們以正確的方式做正確的事情。這本書教你像矽谷那些最聰明的產品經理那樣思考。」──克麗絲汀娜・渥德科（Christina Wodtke），史丹佛大學教授、作家兼創業顧問

「每次有人問我什麼是產品、公司該如何加速成長時，我總是回應：『你先讀過這本書咱們再來談。』」──莎拉・本納特（Sarah Bernard），Jet.com 產品副總裁

「本書是談論『如何打造顧客所愛產品』的權威之作，不是談怎麼招募產品經理，而是談如何塑造以用戶為重的文化，如何打造以顧客為中心的組織和團隊，確保開發出最好的產品。從執行長到產品助理都該看看這本書。」──亞曼達・李察森（Amanda Richardson），HotelTonight 資料與策略長

「我們第一次和凱根合作，是 lmmobilien Scout 進入成長階段的時候，他幫我們為迅速擴展及成長做好準備，使我們成為德國最大、最成功的新創科技公司之一。多年來他一直是 lmmobilien Scout 的好友兼顧問，這本書對公司各部門的人都受益，新版絕對可以幫助更多的公司。」──余爾根・博姆（Jürgen Böhm），Immobilien Scout 公司共同創辦人

「無論是經驗豐富的產品領導者，還是剛當上產品經理，這本書都會讓你意識到自己正擁有全世界最棒的工作，可以發揮不可思議的影響力──尤

其照著凱根的忠告去做的話，更能體會這點。這本書十年來一直被業界奉為聖經，如今新版更包含令人振奮的一流產品實務，無疑將持續被奉為圭臬。」──湯雅‧科卓麗（Tanya Cordrey），衛報新聞與媒體（Guardian News & Media）前數位長

「打造達到『產品與市場適配』的卓越產品，是成功新創事業的關鍵第一步。然而，組織產品和工程團隊時，確保擴展性、速度、品質往往是一大挑戰。凱根分享的見解及學習心得，可用來打造高效團隊以管理系統之間的相依關係，也可用來培養適合擴展的文化。無論是事業要修正方向，還是正蓄勢待發，這些資訊都非常實用。」──史考特‧沙哈迪（Scott Sahadi），體驗引擎公司（Experience Engine）創辦人兼執行長

「凱根提供切實可行的產品管理建議，不流於說教，可以應用在許多情境中。他從豐富的個人經驗中汲取心得，以數十個業界實例闡述建議。如果你想打造顧客愛用的數位產品，這本書可以幫你踏上正途。」──泰蕾莎‧托雷斯（Teresa Torres），探索教練

「我們和凱根密切合作，他協助我們投資幾家新創公司，打造產品及建立產品管理部門。凱根的見解和建議是世界一流的。」──哈利‧奈利斯（Harry Nellis），Accel 創投公司的合夥人

「剛展開產品管理職涯時，我有幸認識凱根。從那時起，他一直是我和產品團隊的卓越導師。我親眼在多家公司看到凱根如何轉變產品團隊，幫他們開創持續的創新和成長。這本書完全是為當今科技業的產品管理所寫的。」──莎拉‧芙里德‧羅絲（Sarah Fried Rose），產品負責人兼營運長

「我很幸運能與業界一些最優秀的產品經理和產品負責人共事。根據我的

經驗，凱根無疑是當今最頂尖的產品管理專家。這本書把他的多年豐富經驗濃縮成兩百多頁的寶典。」──馬提・艾伯（Marty Abbott），AKF 公司合夥人及 eBay 前技術長

「卓越的產品令顧客欣喜，凱根領導及激勵無數的產品團隊。在本書中，你將會學到如何從策略面及計策面來打造那種產品。」──希利普利亞・馬亥許（Shripriya Mahesh），奧米迪亞網路（Omidyar Network）合夥人

「執行長、產品長、以及想要打造卓越產品的所有人都應該讀這本書，顧客會因此愛死你。」──菲爾・泰瑞（Phil Terry），合利公司（Collaborative Gain）創辦人兼執行長，《顧客在內》（Customer Included）合著者

「凱根是經驗豐富的產品管理專家，對一些模稜兩可的產品管理極為在行。這本書也提供讀者許多啟發、工具和技術，以及實用的建議。」──茱蒂・吉普森（Judy Gibbons），新創公司顧問和董事

「打造卓越產品很難，凱根帶我們了解最佳實務和技術，那是累積多年經驗和學習才有可能淬鍊出來的卓越見解。我敬重的每位產品經理幾乎都是從這本書學到產品管理的。」──李建忠（Jason Li），上海博覽網（Boolan）執行長兼創辦人

「如果你希望顧客喜歡你的產品，這本書是『公司裡的每個人』都需要拜讀的好書。」──潔娜・艾格絲（Jana Eggers），人工智慧公司 Nara Logic 執行長

「我喜歡和凱根共事，因為他的技術可用來打造非常出色的企業產品，不只是打造新的消費性 app 而已。這本書是指南，每次我覺得組織開始偏

離正軌時，就是重新複習這本書的時候！」——傑夫‧川姆（Jeff Trom），Workiva 創辦人兼技術長

「我認識凱根快二十年，你可能以為他已經分享所有心得給我。然而，每次我見到他，總發現他仍持續鑽研業界最新知識，總有新的概念分享給我。而且，他的誠實、謙虛、坦白，最重要的是，獨到觀點，總帶給我新的活力和觀念。很高興他把這一切又濃縮整理在新版中。」——奧黛麗‧可瑞恩（Audrey Crane），設計圖公司（DesignMap）合夥人

「凱根打造卓越產品的實用方法，改變了我們開發產品的方式，讓公司和顧客都因此突飛猛進。同樣重要的是，凱根的方法也幫助公司內外的許多人開創精彩的職涯，因為他們都用那套方法推動公司的產品開發，包括《財星》五百大公司、創投公司投資的高成長企業等等。如果你是領導者或產品經理，想打造目標受眾喜歡的產品，一定要讀這本書。」——翔‧博耶（Shawn Boyer），Snagajob 和 goHappy 創辦人

「我在 Etsy 要設立高效、可擴展的產品部門時，向凱根求助。他建立產品部門的教戰手冊，對需要和工程師一起開發科技商品的團隊來說十分寶貴。很少商業書寫得如此清晰明瞭，又搭配那麼多具體的建議。我們在擴充 Etsy 時，把這本書當成產品管理的指南，往後在每家公司也是。」——瑪麗亞‧湯瑪斯（Maria Thomas），董事與投資人

「我剛踏入產品管理界時，凱根是我的教練兼導師。每次要釐清產品經理的角色、技能，或是從產品探索到執行的日常挑戰時，我一定會翻閱這本書。隨著我在產品界晉升到領導職時，這本書依然是扎實的參考指南。如今擔任探索教練，我推薦這本書給每位新客戶。這本書不是方法論，而是

幫產品經理建立正確的心態，不管使用哪種架構和技術。」——佩特拉·威利（Petra Wille），探索教練

「凱根把數十年領導與指導產品部門為顧客創造價值的經驗，巧妙濃縮成這本切實可行、充滿啟發、淺顯易懂的好書。從組織評估、配合用戶需求的工具，到持續進行產品探索與交付的細節等等，這本書都是我的參考指南，也常推薦給每位為了打造致勝產品而認真提升自我的產品領導者。」——麗莎·卡凡勞夫（Lisa Kavanaugh），企業高管教練

「凱根是頂尖產品領導者的傳奇人物，他可以一眼看出團隊需要改進的地方。凱根的建議很實用，切實可行，可以激勵你和團隊立即用更好的方式滿足顧客需求。工程師和顧客都會感謝你讀過這本書。」——霍普·古里恩（Hope Gurion），產品領導者

「凱根提醒我們打造產品的初衷。這種產品心態以及對顧客的關注，使我們成為更好的創業者，建立更好的公司，推出更好的方案。這種心態是打造成功產品階段必備的基礎。」——艾琳·史塔德勒（Erin Stadler），新都加速顧問公司（Boomtown Accelerator）探索教練

推薦序

從實務分析專案管理者為何要看這本書

夏松明

近年來台灣企業普遍衰退已是不爭的事實，根據台灣董事學會分析「2005 到 2016 年間台灣 1,624 家上市櫃公司市值變化」的調查顯示，有 8 家大型企業縮水為中型企業（各公司平均市值自期初的 109.5 億美元衰退至 27.6 億美元，平均 CAGR 為 -18.3），中型企業成為小型企業有 44 家（各公司平均市值自期初的 10.5 億美元衰退至 2.5 億美元，平均 CAGR 為 -17.1）。其實，科技業早就面臨轉型的問題，純粹只做代工是「看不到產業的長期成長性」。這也說明了我們過去只重視「量產交付」的專案經理，而輕忽了「創意發想」的產品經理。

產品經理：公司產品服務的操盤手、落實「產品管理」制度的靈魂人物

「產品經理」的職稱最早出現在 P&G 寶僑家品，因施行成效良好，許多企業紛紛仿而效尤。矽谷知名的產品管理大師，同時也是本書作者馬提・凱根，將「產品經理」一職形容為「找出有價值、可使用和行得通的產品」（to discover a product that is valuable, usable and feasible）。

眾所周知，產品也好、服務也罷，是一家企業能存續的重要武器，而產品經理則是至關重要的操盤手。根據美國線上招聘平台 Hired 於 2016 第二季的調查顯示，產品經理是平均薪水最高的職業，達 13.3 萬美元。另外，根據中國大陸 2017 年職涯調查顯示，以中國產品經理崗位普遍占比區間 5%-10% 計算，未來 4 年中國產品經理的需求為 60 萬至 120 萬，即使打八折計算，也有約莫百萬的人力需求缺口。在在說明了產品經理的身價不凡。

對企業來說，「產品管理」的真正意義並不是在管理一個產品，而是在管理這個產品可以解決的問題。而「產品經理」則是落實「產品管理」制度的靈魂人物，除了促進跨功能團隊合作之外，還必須在有限時間及資源內達成新產品上市的最終目標。

產品經理新手指南：《矽谷最夯・產品專案管理全書》

從事產品經理（管理）培訓教學多年以來，身邊許多朋友都希望我能推薦「產品經理」或是「產品管理」相關的書籍，無奈的是，從過去擔任產品經理以來，市場上非常缺乏這類的書籍，不過近年來，隨者互聯網及寬頻技術的提升，「產品管理」的意識逐漸抬頭，英文、簡中書籍如雨後春筍般冒出，中文翻譯書也開始慢慢得到出版社青睞。

本次承蒙商業周刊出版部的愛戴，邀請我為本書作者馬提・凱根的新書撰寫推薦文，對一個長期關注產品管理趨勢發展及落實產品經理培訓教育的筆者來說，內心的激動真是不言可喻。

對於未來想從事或轉職成產品經理一職的新手 PM 們來說，本書真的再適切也不過了；如果你現在已經是產品經理，trust me，本書依然可以帶給你不同的思維與觀點。與十年前作者的舊作（台灣並無出版中譯書）相比，我歸納了新書有以下三點主要的不同：

第一，有別於舊作偏重新創公司，新書特別聚焦在科技產業的產品經理，或許你會問：那是不是就不適合其他產業的 PM 閱讀呢？其實，我並不這麼認為——本書當中提到的許多在打造成功產品時的通用法則，非常值得產品經理或是公司高層主管參考學習。

第二，新書除了保有舊作從人才、流程、產品三大面向來探討產品管理之外，作者還增加了企業文化的角度以及各大公司（Google、Adobe、Microsoft…等）產品經理的現身說法，另外像是對於 OKR（Objective and Key Results，目標與關鍵成果）、市場研究、原型測試、敏捷開發、精實創業…

等的精闢分析，也是新書的亮點所在。

　　第三，不論是舊作或是新書，作者的寫法迥然不同於市場上類似的書籍，都是非常平鋪直敘、言簡意賅，建議讀者朋友可以用閱讀小品的方式來細細品味每個章節，即使是一段時間之後再拿出來翻閱，相信都會有不同的體驗。

　　誠如作者所言，「如果開發出來的產品沒有市場價值，開發團隊再怎麼優秀也是枉然。」我衷心推薦此書給大家，無論你是不是產品經理，本書的宗旨：「如何打造顧客喜愛的產品」，相信是每家公司都在尋找的成功秘訣。

（本文作者為商業創新發展協會副理事長、PM Tone 產品通＿產品經理知識社群網站站長、NPDP 產品經理國際認證培訓講師）

笨蛋，失敗原因不在產品而是產品開發文化

盧鄭麟

　　於過去二十年的科技業職涯期間，我非常有幸能在不同規模、不同文化的公司裡，歷練產品開發團隊中的多種職務角色，並與許多優秀的夥伴們一起合作，打造出影響全球千百萬使用者的產品。這些我參與打造過的產品有純軟體產品，也有軟硬體緊密整合的產品；有 PC 平台的產品，也有手持式裝置產品；有個人使用的消費性電子產品，也有企業應用的高規要求產品。這些產品當中有些很成功，有些則是無疾而終，而且很多時候，公司並不很清楚產品為什麼會出乎意料地大賣，或為什麼產品會莫名其妙地死掉。

　　在我擔任軟體工程師、產品經理，以及軟體研發部門主管角色的時候，也曾經對這些現象百思不解，直到有幸進入某國際品牌大廠擔任專案經理及專案經理團隊的主管之後，才漸漸對箇中原因略有了解。尤其是在讀完本書之後，過去一些存在已久的疑惑終於豁然開朗。套句流行語，「笨蛋，產品失敗的原因根本不在產品本身，而是在整個組織的產品開發文化！」

　　在現今資訊爆炸的時代，網路上產品開發與專案管理的最佳實務與相關工具，簡直多如過江之鯽，不勝枚舉，但問題是，到底這些最佳實務能有多少代表性？促成這些最佳實務的背後原因又是什麼？為什麼多數組織的領導人不願授權下放，讓部屬去導入、去實驗這些最佳實務？抑或是，為什麼有些組織自認已經在努力學習這些最佳實務了，而產品卻依然以失敗收場？

　　組織若是沒有良好、開放的產品開發文化，就不可能招募到優秀的產品開發人才，就算運氣好矇到了幾個，這些人才也留不了多久。沒有穩定且優秀的產品開發人才，就不可能讓那些良好的產品開發工具與最佳實務在組織內獲得善用並開花結果，組織當然就不可能開發出能解決目標用戶和客戶真正痛點的產品。甚至，目標用戶和客戶壓根不認為那個產品想要解決的問題

是個嚴重的問題。

本書不僅完整道出上述的整個因果關係，更將作者自身紮實的產品開發實務經驗、結合其他的業界最佳實務為例，系統化地整理出如何開發一個卓越好產品的方法。從人才、流程，到組織文化，娓娓道來，環環相扣，讓我讀得欲罷不能，屢屢產生心有戚戚焉之感，精彩萬分。

如果你是位產品經理，本書絕對是必讀的聖經；如果你是專案經理（Project manager）或是敏捷大師（Scrum master），也需要好好拜讀，因為你將因此更了解產品經理和產品負責人（Product owner），繼而與他／她合作得更緊密、更順暢；如果你是產品開發團隊內的研發或測試人員，能從本書了解到你到底為誰而戰，為何而戰，工作將因此變得更有意義、戰鬥力倍增；如果你是組織中的領導者，恭喜你，因為本書會啟發你，開始善用自己的影響力與權力，讓組織走上持續產出卓越產品的道路，而你也將成為一位卓越的領導者。

此外，無論你是否為軟體從業人員，懂不懂什麼叫做敏捷，是在新創公司還是在大型組織服務，你幾乎可以看懂本書的全部內容，因為作者把本書寫得非常地淺顯易懂，根本沒在談什麼艱澀的理論。

不僅如此，作者把本書架構得很好，可以做為職涯中，持續溫故知新的好朋友，因為你非常可能換工作，早晚也會升職，只要你從事產品開發的相關工作，就需要在每個不同的時期，以不同的角度來回顧一下過去所走過路，到底是走對了，還是走偏了，未來的路又該怎麼來修正，你將會因此得到巨大的成長。

（本文作者是兵法管理顧問有限公司負責人、專案管理與敏捷方法專業講師、PROJECT UP 專欄作家）

懂得與時俱進是產品經理的成功關鍵

游舒帆 Gipi

聽到《矽谷最夯‧產品專案管理全書》要推出繁體中文版的那天，我心裡感到非常振奮，因為多年前我曾看過這本書的簡體版本，這次翻開繁體版的內容，我發現馬提‧凱根（Marty Cagan）又增加了很多新的觀點，不愧為矽谷最具產品管理經驗的先驅者之一。

在閱讀本書時，我也細細回想自己過往十多年產品管理的經驗，我曾參與過 15 個左右的產品開發，而直接負責的產品約莫 10 個，其中有面向企業的 2B 產品，也有面向消費者的 2C 產品；有從 0 到 1，需要進行評估與市場驗證的早期產品，也有進入飛速增長的成長型產品，更有進入衰退階段，尋求退出市場的夕陽產品，每一種產品類型與階段，挑戰與管理方式都不同。

2009 年末，我開始擔任產品經理，在那個年代，產品經理仍未成為顯學，當時老闆只說：「產品經理要對產品負全責。」但我對於如何扮演好這個角色實在是一頭霧水，上網查了一些資料後，就開始扮演一個彆腳的產品經理，期間踩過了許多坑，包含產品定位不清晰、交付週期太長、缺乏有效的市場分析、訂價規則模糊、跨團隊協作低效等。

2011 年，本書的簡中版《啟示錄》出版，我迫不及待買來看，發現書中有許多的觀點與經驗分享都十分受用，從角色權責、流程、市場、客戶到個人心理建設等都有諸多著墨，看完後真有種相見恨晚的感覺。不論你有沒有看過英文版或簡中版，你一定要再看看這本繁體版，因為馬提‧凱根又將這幾年的經驗加了進去，所以你可以看看他對 Agile、Scrum、MVP 最小可行產品、顧客旅程、OKR 等近幾年炙手可熱的工具與概念的看法，懂得與時俱進，一直都是成功產品經理的關鍵之一。

不管你是有多年經驗的產品經理，或者是新手產品經理，這本書都值得你好好閱讀，有經驗的，從各個層面反思過往的做法，藉此提升產品管理

的水平；經驗不足的，按書索驥看看自己還有哪些地方需要補強，努力地成為一位稱職的產品經理。

　　台灣的產業並不缺乏優秀的工程師，但卻缺乏能探索問題，發現問題，並帶領大家解決問題的產品經理，真心希望這本書的出版，能讓更多人明白產品經理這個角色的迷人之處，進而學習產品經理的知識與技能，帶領台灣的產業向上翻轉。

（本文作者是資深產品經理、gipi 的學習筆記部落客、商業思維教練暨傳教士）

成功的產品設計與開發，如同交響樂般迷人

陳威帆

　　一位優秀的產品經理就像一個交響樂團的指揮，樂手們在他優雅的指揮中演奏出優美的樂章，給每一個在台下聆聽的觀眾。同樣的，產品是為了使用者而設計，設計與開發產品，我們需要開發團隊的協助來滿足使用者的需求。身為產品經理，我們的責任是如何平衡這些不同資源，順暢的引導團隊設計出更好的產品使用體驗、並在其中建立商業價值。在產品開發的過程中，我們優化產品也優化團隊，並持續正面的回應使用者的需求，讓團隊與產品都能夠持續運作與發展。

　　我始終覺得參與產品設計與開發是一件很迷人的事。產品設計與開發是一種在不同領域的人才、技能與思維不停激盪之中試圖尋找如何滿足使用者需求的工作。因此，在過程中，需要和各種不同人才合作才能持續前進。我們需要產品設計師設計出好用的使用者介面與順暢的使用者體驗、需要工程師結合科技並尋找最適合的解決方案、也需要使用者研究員協助了解自身所面對的使用者，在每一個產品設計與開發的過程中，這些不同的角色會在不同的流程中，協助我們逐步打造出使用者手中令人喜愛不已的產品。

　　打造一個受人喜愛的產品，是每個產品經理的夢想。從創意到原型（Prototype）、從原型到測試、再從測試到產品，本書作者將許多產品發展中不同的流程所需要注意的事項、以及產品開發中會面對到的角色、以及最重要的——產品的使用者——等相關知識以淺顯易懂的方式，說明給每一個參與產品開發的產品人。書中除了有來自業界各大公司（例如 Apple、Google 以及 Netflix）產品經理的經驗分享，也說明了許多在產品開發中應該要關注的團隊文化、要避開的錯誤與陷阱、以及原型與技術測試的重要，提醒我們在產品開發的不同階段所需要面對的不同問題，以及從他人的經驗中學習如何為使用者設計更好的產品。

不管你是剛入門的產品經理、任職大企業的資深產品經理、新創公司的創辦人、或是參與產品開發的設計師、工程師或研究員，這本書都可以伴隨著產品開發旅程，不停地提醒我們：要開發出一個好的產品，我們需要保持初衷，聆聽使用者的聲音、協調團隊與開發成員、並靈活地對市場做出調整，如此才能實現我們身為產品經理、開發團隊的每一個成員以及使用者的最終願望：一個讓人愛不釋手的產品。

（本文作者為知名數位設計、遊戲開發公司 Fourdesire 創辦人兼製作人）

踏上產品經理之路

鄭緯筌

　　認識我或是曾經聽過我授課的朋友可能都知道，我曾在媒體做過記者、主編等工作，而現在則以企業顧問、專欄作家或職業講師等多元身分行走江湖。

　　但很多人不知道，其實我最早是產品經理出身——是的，就是和馬化騰、周鴻禕等對岸知名的創業家一樣，都曾經是第一線負責產品開發與營運的專業人士。

　　即使過了這麼多年，我仍時常回想起我在網擎、蕃薯藤等網路公司擔任產品經理的往事。能夠和一群優秀的工程師、設計師們共事，攜手打造出能夠給千萬人帶來生活福祉的產品，那真的是再興奮不過的事情了！

　　產品經理的任務相當重大，除了需要有豐富的學養，也得有絕佳的溝通能力。不過，產品經理的養成曠日廢時，很難單靠大學教育；所以，如果想成為一位優秀的產品經理或相關的專業人士，我們需要多看書、進修並充實知識，然後透過大量練習與實作來促進自我成長。

　　如果你也嚮往產品經理的工作，或者對於如何從零到一把產品打造出來深感興趣的話，我很樂意推薦由馬提・凱根（Marty Cagan）所撰寫的《矽谷最夯・產品專案管理全書》。

　　本書作者來自美國矽谷的創業家，在科技產品管理領域擁有豐富的經驗，本書匯聚了他多年的工作經驗，是一本值得產品經理與專業人士放在案頭的好書。隨時翻閱本書，相信會給你帶來很多的啟發。讓我們一起踏上產品經理之路吧！

（本文作者為「內容駭客」網站創辦人、臺灣電子商務創業聯誼會共同創辦人）

一本會讓產品經理相見恨晚的好書

康晉暉（阿康）

　　這是一本聖經等級的產品經理方法論的經典書籍，我在 2011 年剛進網路圈工作時，就曾讀過第一版的簡體中文版，當時獲益良多，讓我從一名從業務轉職的外行人、只能負責 App 產品營運後勤工作的菜鳥小白，快速地了解到團隊、流程和產品是如何共同協作，打造出一個用戶喜愛的產品。

　　在多年過後，我很幸運地經歷過數個公司的新產品誕生，從商業模式構想、打磨原型測試、冷啟動上線，到最後進入業務推廣，過程中也累積不少經驗，逐漸成為一名產品的主要負責人。而這一路走來，這本書一直都是我隨身翻看、反覆思考，並獲得啟發的寶貴資源。

　　現在，很高興看到作者在 2017 年改版新增了內容，同時繁體中文版也準備在台灣上市，這次的改版，作者更擴大範圍，不只談新創公司，更討論了成長階段的公司和大型公司的所面臨的挑戰，這正好也呼應了我在職涯發展經歷中的不少感觸。

　　最近，我又重新回到了新創公司，擔任產品營運和顧問的角色，在拿到書稿的那一刻，我非常感動，並且迫不急待立即拜讀，也不禁感慨，人生如果能夠遇到這樣一本跟著你一起成長、一起改變的好書，真的是太美好了。

（本文作者為「生鮮時書」產品營運總監）

本書謹獻家父卡爾・凱根（Carl Cagan）。1969 年，他拿到美國第一個資工博士學位（以前資訊工程仍屬於電機系的一部分），並撰寫第一本資料庫書籍（《資料管理系統》，1973 年也是由 John Wiley & Sons 出版）。

家父是個了不起的父親，不僅在我九歲時教我寫電腦程式——比程式設計蔚為風潮早了數十年，在如今大眾依賴的許多技術尚在醞釀之際，父親已灌輸我對科技的喜好。

作者序

　　最初改版時，我估計可能修改 10％ -20％的內容，想變動的部分並不多。但修改後，我馬上發現二版需要整本重寫。不是我後悔以前寫的內容，而是發現有更好的方法解說這些主題。我沒料到第一版會暢銷。拜那本書所賜，我結識了世界各地的朋友。那本書授權多國語言，儘管距離我現在改寫時，第一版已出版近十年，但銷量依然持續成長，而且完全靠口碑與書評熱賣。所以，如果你讀過第一版，我在此感謝，也希望你會更喜歡第二版。如果你首次閱讀本書，我希望新版更能實現這本書的出版目的。

　　我寫第一版時，敏捷開發（Agile）還不是產品公司的常用流程，顧客開發（Customer Development）① 和精實創業（Lean Startup）② 這類術語也尚未普及。如今，多數團隊已經運用這些技術好幾年了，他們也想知道除了精實和敏捷外還有什麼新技巧，這也是二版中關注的主題。基本上這本書的根本架構沒變，但十年過去，我提到的技術已有顯著進步。除了改變主題說明方式，以及更新書的技巧外，另一大改變是這次我會詳細介紹產品的擴展。

　　在第一版中，偏重新創公司。第二版我會擴大範圍，也說明成長階段的公司面臨的挑戰，以及大型企業如何打造產品。公司的規模大時，無疑會帶來嚴峻的挑戰。過去十年間，我主要指導公司如何順利

---

①簡單來說，客戶開發流程是依照客戶需求、且願意掏錢購買產品為前提所設計的開發流程。
②指用以實驗驗證商業假設，快速提出的最小可行產品（minimum viable product，簡稱 MVP）的一套創業創業流程和科學決策方式，幫助新創事業成長與規模化。

度過迅速成長期。有時稱為「極境求生」，從字面你可以想像那有多難了。第一版問世後收到很多讀者來信，給了很多寶貴意見。這些信有兩件事讓我頗有感觸，想在此說明：

首先，關注產品經理的具體任務確實有必要。在第一版中我談了很多產品管理，鎖定的對象是整個產品團隊。如今，產品設計師和工程師可以找到許多很棒的學習資源，但是專為科技產品的產品經理量身打造的資源卻很少。在這版中，我決定把焦點放在「科技產品經理」的任務上。如果你在科技公司擔任產品經理，或者有心進入科技公司擔任產品經理，我希望這本書可以成為首選指南。

第二，很多人在找打造成功產品的秘訣——一套公式或架構，教人打造出顧客熱愛的產品。我了解那種渴望，我也知道如果這樣定位第二版可以賣得更好。但遺憾的是，卓越產品不是套公式來的。重點是要打造出有利成功的產品文化，了解許多開發及執行產品的技巧，以便運用合適的工具來因應面對的議題。沒錯，這表示產品經理的任務一點也不簡單，坦白說，也不是每個人都有能力做好這份工作。

不過，話說回來，「科技產品管理」如今是科技界最夯的職業之一，也是許多新創公司聘用執行長時的首選目標及試煉場。所以，如果你也想從事這行，又願意投入心力學習，我很樂意成為推手，助你一臂之力。

第**1**篇

從頂尖科技公司
獲得啟示

　　1980 年代中期，我還年輕，在惠普（HP）擔任軟體工程師，參與開發某項知名的產品。那時人工智慧（AI）再度風靡 [1]，我很幸運剛好在業界數一數二的科技公司任職，隸屬於一支強大的軟體工程團隊（該團隊的幾位成員後來到業界其他公司發展，都有亮眼的成果）。當時我們的任務艱鉅，必須在低成本的通用工作站中內建 AI 技術。當時市面上的工作站都必須結合特殊用途的軟硬體，每個用戶要價逾十萬美元，很少人買得起。我們努力開發了一年多，犧牲無數個夜晚

---

[1] 第一次 AI 浪潮起於 1950 ～ 1960 年，由於發生於網路誕生之前，又稱古典人工智慧。第二次 AI 熱潮伴隨著電腦的普及發生在 1980 年代。第三次 AI 浪潮則於 2010 年代迄今。

和週末加班。過程中，我們為惠普增添了幾項專利，開發出符合惠普嚴格品質要求的軟體，把產品加以國際化，譯成多國語言。我們訓練業務人員熟悉產品，也在媒體上發表新技術，獲得很好的評價。終於，我們準備好了，正式發布新產品，也慶祝新產品上市。但只有一個問題：沒人買。

產品在市場上乏人問津。沒錯，那個技術確實令人激賞，評論家對產品讚不絕口，偏偏就是沒人想要或需要那個東西。我們整個團隊當然對結果感到洩氣，但不久便關起門來檢討，自問一些很重要的問題：誰有權決定開發什麼樣的產品？他們是怎麼決定的？他們怎麼知道開發出來的產品是實用的？我們因此記取了深刻的教訓——那是許多團隊吃盡了苦頭，付出慘痛的代價之後才明白的道理：如果開發出來的產品沒有市場價值，開發團隊再怎麼優秀也是枉然。

我探索失敗的根源時，發現「開發什麼樣的產品」是由產品經理決定的——這個人通常隸屬於行銷單位，並負責界定我們開發的產品。而且，惠普其實也不太擅長產品管理。後來我更是理解，多數公司對產品都不在行。事實上，即便是今天，大多數的公司還是如此。我因此暗暗發誓，除非我知道那個產品是用戶及顧客想要的，否則再也不要那麼拼命開發產品了。

後續的三十年間，我很幸運能夠參與開發一些當代最成功的高科技產品：第一次是個人電腦興起時，我在惠普參與產品開發；接著是網路興起時，我在網景（Netscape Communications）擔任平台和工具開發的副總裁；隨後在電子商務和網路市集興起時，我在 eBay 擔任產品和設計的資深副總裁；之後我開始擔任新創公司的顧問，其中許多合作對象後來都成為卓越的科技產品公司。這些案子中，不是每項產

品都同等成功，但至少沒有一個失敗收場。有不少產品在全球深受數百萬名用戶喜愛。

我離開 eBay 不久，開始接到一些產品公司的電話，詢問我如何改善開發產品的方式。開始和這些公司合作後，我發現**最優秀的公司開發產品的方式和多數公司截然不同。**我意識到，**先進技術和實務做法是兩碼事。**

多數公司在開發產品及執行計畫時，仍使用缺乏效率的老方法。我也發現大家幾乎都找不到協助資源，無論是學術界（包括最頂尖的商學院）、還是產業界（業者似乎擺脫不了過去的失敗模式，就像我在惠普遇到的那樣）都對此束手無策。我參與過一些很棒的專案，很慶幸有機會和業界一些最優秀的產品專家共事。本書收錄的一些卓越想法，都是那些人提出來的，大家可以在本書的謝辭中看到那些人的名單。我從他們身上學到很多，對他們每一位都心存感激。

我選擇這個職業，是因為想開發顧客喜愛的產品——提供有實質價值的誘人產品。多數的產品領導者也想開發誘人又熱賣的產品，但實際上大多產品卻欠缺這種特質。人生苦短，不該把生命耗在開發爛產品上。我撰寫這本書的目的，是希望分享卓越產品公司的最佳實務，以協助大家打造出真正誘人的產品——顧客喜愛的產品。

第 1 章

每個卓越產品背後的人

我堅信，每個卓越產品的背後都有一個人——通常是在幕後孜孜不倦的工作者——負責領導產品團隊結合技術和設計，並以符合事業需求的方式，解決真正的顧客問題。這也是本書的核心理念。這個人通常掛著**產品經理**的頭銜，但他們可能是新創公司的共同創辦人或執行長；又或者是團隊中的其他角色，但他們覺得有必要挺身而出擔任領導。此外，產品管理的角色，跟設計、工程、行銷或專案經理的角色截然不同。

這本書是為產品管理者所寫的。在現代科技的產品團隊中，產品經理有些非常具體的責任，而且挑戰性很高。那是極其困難的工作，如果有人跟你說沒那回事，他根本是在害你。產品經理的角色通常是一項全職工作。我認識的產品經理中，很少人能以每週不到 60 小時的工時，處理完該做的一切。如果你本來就是設計師或工程師，現在想當產品經理，那很好，因為你有些實質的優勢，但很快你會發現自己承擔了大量的工作。如果你覺得工作量不是問題可以勝任，結果應該會很好。

一個產品團隊通常由至少 1 位產品經理及 2 到 10 位工程師組

成的。如果你是打造用戶產品
（user-facing product），團隊裡
還會有1位產品設計師。本書中，
我們還會探討一些不同的情況。

每個卓越產品的背後都有一個孜孜不倦的工作者，領導產品團隊結合技術和設計，以符合事業需求的方式，解決真正的顧客問題。這也是本書的核心理念。

例如，你跟不同地方的工程師或設計師合作，或是跟外包商的工程師或設計師合作。但無論團隊組成如何，這份工作和這本書是假設你有一個團隊，跟他們一起設計、打造、提交產品。

第2章

科技類的產品和服務

市面上有多種產品，但本書只探討科技產品。如果你是開發非科技的產品，本書探討的一些內容也許有益，但不見得完全適用。坦白講，市面上已有許多現成的資源可以供非科技類的產品參考，例如消費包裝品、及其產品經理。我在本書中只鎖定那些跟打造科技類產品、服務、體驗有關的獨特議題和挑戰。一些貼切的例子包括消費性服務產品，例如電子商務網站或市集平台（例如 Netflix、Airbnb、Etsy）、社群媒體（例如 Facebook、LinkedIn、Twitter）、事業服務（例如 Salesforce.com、Workday、Workiva）、消費性裝置（例如 Apple、Sonos、Tesla）、行動應用程式（例如 Uber、Audible、Instagram）。

科技產品不需要完全數位化。如今，許多科技產品的最佳實例是結合線上與線下（離線）的體驗——例如搭車或訂房、申請房貸，或隔夜包裹快遞。我認為，現今大多數的產品都在轉型，朝科技類產品邁進。尚未意識到這點的企業，很快會遭到淘汰。再次說明，這裡只談科技產品，以及那些相信必須擁抱科技並不斷為客戶持續創新的公司。

第 **3** 章

新創企業：達到產品與市場適配

在科技界的公司通常處於三種階段：新創公司、成長公司、企業公司。這裡簡要說明每個階段的特色及可能的挑戰。我把新創公司粗略定義為尚未達到「產品與市場適配」（product/market fit）的新產品公司。產品與市場適配是一個非常重要的概念，我會在稍後定義，現在只說明新創公司仍在開發可以讓公司持續經營下去的產品。

在新創公司中，產品經理的角色通常是由某位共同創辦人擔任。這時公司裡的工程師通常不到 25 人，大概有 1 到 5 個產品小組。新創公司的現實狀況是，必須在資金燒光以前達到產品與市場適配。公司推出符合最初市場需求的強大產品之前，其他一切都不太重要，所以新創公司的主要焦點必須放在產品上。新創公司的初期資金通常很有限，旨在確定公司是否能夠發現和推出必要的產品。資金愈逼近耗竭的狀態，公司的步調愈瘋狂，團隊和領導者會開始陷入迫切的狀態，想盡辦法力挽狂瀾。

雖然資金和時間都很緊迫，但優秀的新創公司會想辦法迅速學習及行動，而且草創初期通常沒什麼官僚拖累進度。不過，科技新創公司的失敗率很高，這也不是什麼秘密。那些在市場上成功開創出一片

天的少數業者，通常很擅長探索產品，這也是本書探討的一大主題。在新創公司裡工作，需要努力追求產品與市場適配的目標。工作壓力通常很大，令人疲憊，風險也高。不過，也可能是非常正面的經驗，而且最後達到目標時，金錢報酬也很可觀。

公司推出符合最初市場需求的強大產品之前，其他一切都不太重要。

第 4 章

成長公司：為成功擴展營運

技術好、運氣也好的新創公司，就能達到「產品與市場適配」（通常實力和運氣一樣重要）。這種公司接著必須面對另一項同樣困難的挑戰：如何有效地成長及擴展營運。把新創公司擴展成大型的成功企業，其中涉及許多重大的挑戰。雖然挑戰極其困難，但都是業者夢寐以求的「好問題」。除了招募更多的人才以外，還要想辦法推出相關的新產品和服務來複製之前的成功。在此同時，公司也需要盡快發展核心事業。

在成長階段，公司通常有 25 到幾百名不等的工程師，因此有更多人手可以提供協助，但這時隨處可見組織壓力。產品團隊可能抱怨他們不了解大局，看不出來自己的工作對更大的目標有什麼貢獻，對於何謂的「自治自主的團隊」（有權力的自治團隊）感到不解。業務與行銷常抱怨，第一種產品的上市策略不適合套用在某些新產品上。為了滿足最初產品需求而打造出來的技術基礎架構，往往已經不敷使用。你跟每個工程師談話時，會開始聽到「技術債」①（technical

---

①指開發人員開發過程中基於時效進行的妥協，從而在未來帶來額外的開發負擔。

debt）這個詞。

這個階段對領導者來說也是一大挑戰，因為公司草創時期行得通的領導風格和機制，往往無法大規模沿用。領導者被迫改變他們的角色，在許多情況下，也必須改變行為。但是，克服這些挑戰的動機很強烈。這階段的公司目標往往是掛牌上市，或是在現有的公司中成為主要的事業單位。此外，可對世界發揮很大的正面影響力，也有很大的激勵效果。

新創公司擴展過程遇到的艱困挑戰，都是業者夢寐以求的「好問題」。

第5章

企業公司：持續的產品創新

對於那些已經成功擴展事業、想要追求基業長青的公司來說，眼前仍有一些最艱難的挑戰。強大的科技產品公司都知道，他們必須確保產品的持續創新。這表示他們需要為客戶和企業不斷地創造新的價值。不僅調整及精進現有的產品（所謂的「價值獲取」〔value capture〕）而已，也充分開發每個產品，讓它們盡量發揮潛力。

然而，許多大企業不僅做不到，還陷入緩慢的死亡漩渦。他們一味地利用多年前或數十年前創造出的價值和品牌。大企業很少在一夜間倒閉，通常可以持續營運多年。但別因此誤以為一切正常，這時企業正在下沉，最後幾乎是必倒無疑。

當然，他們不是有意如此，但是企業一旦達到這種規模（通常是上市公司），企業裡會有許多利害關係人費盡心力想要保護公司創造出來的東西。可惜，這也意味著他們會處心積慮否決那些能夠改造企業（但可能危及核心事業）的新計畫或新事業，或是阻礙新點子與創新，以致於很少人願意或能夠推動企業往新的方向發展。

這些症狀很難視而不見，首先是士氣低落，缺乏創新，顧客愈來愈晚接觸到新產品。公司創立不久時，可能有令人注目的明確願景。

強大的科技產品公司都知道要確保產品的持續創新。

但是隨著發展成大企業，最初的願景大多已經實現，公司不太確定接下來要做什麼。產品團隊可能會抱怨公司缺乏遠見，高層不願授權，決策拖到地老天荒還無法確定。產品轉由委員會來設計。管理高層可能也對產品團隊缺乏創新感到失望。他們往往會直接收購外面的企業，或另設獨立的「創新中心」，以便在被保護的環境中孕育新事業。然而，這卻極少促成他們渴望的創新。

你可能也聽過 Adobe、Amazon、Apple、Facebook、Google、Netflix 相關大企業如何避免這種命運的故事。公司的管理高層往往很納悶，為什麼那些大企業能做到，他們卻做不到。其實他們也能做到，但必須做出很大的改變，這也是本書探討的主題。

第6章

產品失敗的根本原因

我們從許多產品上市失敗的根本原因談起吧。世界各地的公司，不分大小，基本上都採取同樣的運作方式。這種運作方式跟世界上最卓越的公司截然不同。我先提醒各位，這裡的討論可能讓人有點洩氣，尤其剛好踩到痛處的時候，可能會讓你更加難過。萬一真的被我說中了，請忍耐一下，容我把話說完。圖6.1顯示多數公司一直用來打造產品的流程。我暫時不發表評論，先說明整個流程：

你可以看到，一切從創意開始。在大多數公司中，創意來自內部（高管、重要的利害關係人、或業主）或外部（當前或潛在客戶）。無論創意來自何處，公司裡總有很多事情需要我們去完成。多數公司想把那些創意列為**路徑圖**中的優先要務，他們這樣做主要基於二種原因。首先，他們希望產品團隊先做最重要的事情；再者，他們想要預測什麼時候可以大功告成。

為此，公司往往會開某種形式的**季度或年度計畫會議**。在會議上，領導者會思考、討論那些創意，協議出產品路徑圖。但是為了把某個創意列為優先要務，他們必須先為每個創意提出「**商業論證**」（business case）。有些公司要求提出正式的商業論證，有些只要求

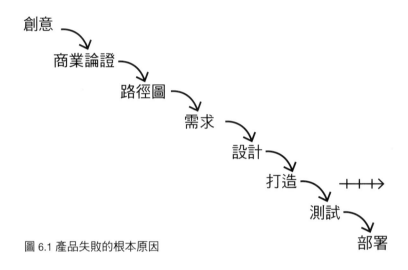

圖 6.1 產品失敗的根本原因

非正式的論證，但無論正式或非正式，總之公司想知道的是 2 件事：

● 這個創意可以賺多少錢或創造多少價值？

● 需要投入多少成本或時間？

接著，公司再利用獲得資訊，規畫下一季或下一年的路徑圖。在這個時點，產品和技術組織通常有既定的運作順序，他們會按事情的輕重緩急來處理待辦事項。一旦公司把某個創意列為首要之務，接下來的第一件事，就是由產品經理跟利害關係人溝通這個創意，為創意增添具體的內容，得出一套「**需求**」（requirements）。

那套需求可能是用戶需求，或者更像是一套功能規格。目的是為了跟設計師和工程師溝通「需要打造什麼產品」。收集了需求以後，公司就會要求**用戶體驗設計團隊**（假設公司有這種團隊）提供互動設計、視覺設計，如果是實體裝置的話，也需要提供工業設計。最後，他們把需求和設計規格傳給**工程師**，「敏捷開發」通常是在這時加入。

工程師通常會把工作拆解成一系列「反覆循環」（Iteration）（又譯「迭代循環」）——在 Scrum 開發中稱為「衝刺」（sprint）。所以，這可能需要 1 到 3 次衝刺才能開發出產品。

雖然多數人宣稱採用敏捷開發，但是工作場景明明就是瀑布式開發流程。

品保測試（QA testing）最好也是衝刺的一部分，如果不是，那麼品保團隊需要做一些測試，以確保新產品的運作如廣告宣傳一般，不會產生其他問題（所謂的**「迴歸」〔regression〕**）。通過品保測試後，終於可以提供新產品給客戶使用了（所謂的「部署」）。

我第一次接觸這些公司時，不分大小，他們大多以此運作，而且運作很多年了。但這些公司會經常抱怨缺乏創新，還有**從創意發想到實際產品交付的時間拖得很長**。你可能也發現了，這邊雖然提到敏捷開發，如今多數人也宣稱採用這種方式運作，但是剛剛的描述明明就是**瀑布式（waterfall）**開發流程。持平來講，工程師確實在上述瀑布式情境中盡量做到敏捷開發。

也就是說，多數團隊大多這樣運作，但為什麼卻成了問題產生的罪魁禍首呢？現在我們從整體來看，就可以清楚看出為什麼這種常見做法往往導致多數產品失敗了。在下面的列表中，我列出這種運作方式的 10 大問題。切記，這 10 個問題都很嚴重，任一個問題都有可能導致團隊脫軌。而且，很多公司不只有一個問題，甚至還集滿了 10 個問題：

問題 1. 從創意的源頭開始看起

這個模型促成「銷售導向的產品」及「利害關係人導向的產品」。

後面會詳細說明這個主題，這裡我只說明，這不是最好的創意來源。這種方法衍生的另一個後果是，團隊缺乏授權。在這種模式中，產品團隊只是一種配套編制，他們是僱傭兵。

問題 2. 檢視這些商業論證的致命缺點

其實我很贊成提出商業論證，尤其是需要大額投資的創意時。不過，在這個階段，多數公司提出商業論證，以便為路徑圖制訂優先順序的方式實在很荒謬，原因如下：還記得前面提過商業論證的兩個關鍵嗎？這個創意能賺多少錢，以及要花多少成本？但是，在這個階段，冷酷的真相是，每個人對這兩個關鍵數據都一無所知。事實上，你根本不可能知道。

我們不可能知道會賺多少錢，因為這完全取決於最後的成品有多好。如果產品團隊做得很好，產品可能一炮而紅，改變公司的命運。然而，現實是，許多產品創意測試後變得毫無價值，這絕對不是誇示法，它們是真的落到一文不值（我們從 A/B 測試中得知這點）。產品開發的一大課題，在於**知道什麼是我們無法知道的事情**。在這個階段，我們根本不可能知道這個產品可以帶來多少獲利。

同樣的，我們也不知道打造這個產品的成本是多少。在不知道實際的方案下，工程部門很難預估這些數字。在這個階段，多數經驗豐富的工程師甚至會拒絕給出估計值，但有些人會被迫給出類似 T 恤尺寸的折衷答案──只要告訴我們這是「小號、中號、大號，或特大號」就好。因為公司高層真的想要那些排好優先順序的路徑圖。為此，他們需要某種系統來評估這些創意想法，於是大家只好跟著玩「商業論證」的遊戲。

問題 3. 問題從公司對產品路徑圖 （product roadmap） 一頭熱的 時候開始

思考產品時的第一個現實是，至少有一半的創意是行不通的。

多年來我看過無數的路徑圖，絕大多數的路徑圖基本上是按優先順序來排列功能和專案。行銷部門需要那份圖推出宣傳活動，業務部門需要那份圖招攬客戶，另外還有人希望產品結合 PayPal 付費功能……總之，大概就是這種狀況。但問題就出在這裡，或許也是最大的問題點。我稱為「**產品的 2 個麻煩真相**」。

第一個真相是，**至少有一半的創意想法是行不通的**。一個創意想法行不通的原因很多，最常見的原因是，顧客對那個概念沒什麼興趣，所以他們不想用。有時顧客可能想用，但試過以後覺得，產品太複雜不值得費神使用，於是他們又決定不用了。還有可能是顧客喜歡產品，但公司後來發現打造產品需要投入的成本比原本預期得多，沒有時間和財力去開發產品。所以，我可以跟你保證，路徑圖上至少有一半的創意想法不會如願實現（順道一提，真正優秀的團隊認為，至少有四分之三的創意想法不會如願奏效。）

如果這還不夠糟，我們來看第二個麻煩真相：即使某個創意想法證實有潛力，通常仍然需要經過**多次反覆循環**，才能把概念的實踐提升到一個境界，讓它足以提供必要的商業價值，我們稱為**及時變現**（**time to money**）。關於產品，我學到最重要的一件事是，無論你多聰明，都無法逃避這些麻煩的真相。我有幸與許多真正優秀的產品團隊合作。他們之所以成功，關鍵在於他們因應這些真相的方式與其他人不同。

問題 4. 接著思考這個模型中產品管理的角色

事實上，我們不會把上述場景中產品管理的角色稱為產品管理——這其實是種專案管理的形式。在這個模型中，這角色主要是為工程師**收集需求及記錄需求**。目前，且容我先指出問題所在：這跟現代的科技產品管理根本完全相反。

問題 5. 設計師的角色也遇到同樣狀況

產品開發到最後才把設計師找進來，以致於產品無法獲得設計的實質價值，最後只能做「幫豬上口紅」之類的表面粉飾工作。傷害早已造成，最後才塗抹表面掩飾亂象。用戶體驗設計師知道這不是好事，但他們只能儘量讓表面看起來很好、有一致性。

問題 6. 錯失的最大良機是太晚讓工程部門加入流程

如果你只是把工程師當成寫程式的工具，只會獲得他們的一半價值。產品開發的一個小秘密是，工程師通常是最好的創新來源，但公司並未讓他們參與開發的流程。

問題 7. 敏捷開發的原則和關鍵效益也太晚納入

如此使用敏捷方法的團隊，可能只得到 20％的敏捷價值及潛力。你看到的只是最後的「敏捷交付」，但整個組織和環境都不是敏捷的開發模式。

問題 8. 整個流程過於專案導向（project -centric）

公司通常透過組織為專案提供資金、配置人力，以及推動專案的

運作。可惜的是，專案其實是產出（output），但產品完全是看結果（outcome）。這種流程可能

會促成一些爹不疼、娘不愛的孤兒專案。沒錯，最後產品確實推出了，但是沒達到目標，那為什麼要白忙一場呢？總之，這是個嚴重的問題，也不是開發產品的方式。

問題 9. 瀑布式流程的缺陷

瀑布式流程的最大缺陷是，把所有的風險集中到最後，這表示顧客驗證（customer validation）太遲了。精實方法的關鍵原則是減少浪費。當你設計、建造、測試、部署某個功能或產品後，才發現那個東西根本不需要，這可說是最嚴重的浪費。諷刺的是，很多團隊認為他們運用了精實原則，但實際上卻採用我剛剛描述的基本流程。我說：「你們這是以成本最貴、速度最慢的方法來測試創意想法。」

問題 10. 沒有計算機會成本的損失

最後，當我們忙著投入流程，浪費時間和金錢時，我們最大的損失通常是組織原本能做及該做、卻沒做的機會成本，那些投入的時間或金錢再也無法挽回。這也難怪，很多公司投入那麼多時間和金錢，但得到的報酬卻少之又少。我之前提醒過大家，這些問題說來令人洩氣，但如果你的公司真的如此運作，那麼，深入了解公司為什麼需要改變運作方式就非常重要。幸好，我可以跟各位保證，優秀的團隊不是以我剛剛描述的方式運作。

第 *7* 章

精實與敏捷之外的方法

大家在打造產品時，總是想找萬靈丹。面對這種需求，也總有個樂於迎合的產業，準備好隨時提供書籍、指導、培訓和諮詢服務。但是打造產品其實沒有萬靈丹，這一行做久了終究會明白這道理。當你領悟到這點時，就會開始產生反彈。我撰寫本章之際，大家正開始批評精實與敏捷方法。

我知道許多人和團隊對於採用精實和敏捷方法的效果感到失望，我理解箇中原因。但我深信精實和敏捷式開發的價值觀和原則將會持續存在。這些方法保留下來的，不是如今許多團隊採用的特定表現方式，而是那些方式背後的核心原則。我同意這兩種方法都是有意義的進步，但我永遠不想在這兩方面走回頭路。

誠如前述，打造產品沒有萬靈丹。就跟任何工具一樣，使用這些工具時需要精明一點。我遇過無數團隊聲稱他們採用精實原則，但他們在「**最小可行產品**」（minimum viable product，簡稱 MVP）上投入數月心血，花了大量時間和金錢後，卻不知道他們擁有什麼，也不知道那個東西能不能賣出去，這實在稱不上「精實」。又或者，他們太在乎細節，覺得每個東西都需要先測試和驗證，導致進度緩慢，一事無成。

我也提過，多數產品公司聲稱自己採用敏捷式開發，但根本稱不上敏捷。我認識的優秀產品團隊早就不用多數團隊採用的方式，而是提高目標及工作方式的標準。這些優秀團隊會以稍微不同的方式來陳述議題，有時使用不同的術語，但本質上用這 3 大原則在運作：

原則 1. 一開始先處理風險，而不是留到最後才處理

現代的團隊打造任何東西以前，就先處理相關風險。這些風險包括**價值**風險（顧客會不會買）、**易用性**風險（用戶能不能搞懂怎麼使用）、**實行性**風險（工程師能不能運用我們僅有的時間、技能、技術，來打造出我們需要的東西）、**商業可行性**風險（這個方案對事業的諸多面向：業務、行銷、財務、法務等等是否可行）。

原則 2. 產品是大家合作定義及設計出來的，不是按順序開發的

他們已經揚棄以前那套老舊的模式。在老舊模式中，是由產品經理先定義需求，接著設計師再設計出一種滿足那些需求的方案，然後交給工程師實現，每個人都受制於前手的決定。在優秀的團隊中，產品、設計、工程是並肩共事，互相讓步妥協，以得出顧客喜愛及適合公司推出的科技方案。

原則 3. 最後，重點是解決問題，而不是實現功能

傳統的產品路徑圖只講究產出，但優秀的團隊知道重點不光是推出方案，他們必須確保那個方案能夠解決根本的問題。也就是說，重點在**商業績效**（business results）。

你會發現，這本書從頭到尾都把這 3 大原則奉為圭臬。

第 8 章

關鍵概念

本書是談一套概念，這套概念構成現代產品開發的根基。在此先概略說明，如下：

整體的產品

目前為止，我一直以鬆散的方式使用「產品」一詞。我確實說過這裡只談科技產品，但我說到「產品」時，是泛指產品的整體定義。

當然包括**功能性**——亦即功能特色。

也包含促成那些功能的**技術**。

包含呈現那些功能的**用戶體驗設計**。

包含如何運用那些功能來**營利**。

包含如何吸引及**招攬用戶和顧客**。

另外，也包含對產品價值的傳遞來說相當重要的**離線體驗**。

例如，你的產品是電子商務網站，那麼產品就包含「出貨體驗」及「退貨體驗」。對電子商務業者來說，產品一般包括實際銷售的商品以外的一切。同理，對媒體公司來說，它的產品是指內容以外的一切。重點是，要完整定義產品，不是只關注、落實功能的而已。

持續的探索與交付

我們需要探索打造的那項產品；也需要把產品推到市場上。

前面提過，多數公司基本上仍採用瀑布式的流程；但我說過，頂尖團隊採取截然不同方式。稍後會更深入探討產品開發流程，現在先說明流程大致的概念。所有的產品團隊中，都有 2 個必要活動：

● 需要探索打造的產品；

● 也必須把產品推到市場上。

探索（discovery）和**交付**（delivery）是跨職能產品團隊的 2 個主要活動。這 2 個活動通常是持續、同時進行的。關於產品的探索和交付，有幾種思考及想像的方法，但概念很簡單：**我們探索打造的產品時（這是產品經理和設計師每天從事的工作），工程師也在努力交付優質的產品，二者是齊頭並進的。**你很快會發現，事實比上述更複雜。例如，工程師每天會協助探索產品（許多最棒的創新是出自工程師的參與，所以這點不容小覷），產品經理和設計師每天也會協助交付產品（主要為了釐清行為），而探索和交付是主要的活動。

產品探索

探索主要靠產品管理、用戶體驗設計、工程之間的密切合作。在探索的過程中，我們得在尚未編寫生產軟體之前，先處理各種風險。產品探索的目的，是為了迅速判斷創意想法的好壞。產品探索的結果則是**驗證過的產品待辦清單（validated product backlog）**。具體來說，是解答下面 4 個重要問題：

1. 用戶會買（或決定使用）這個產品嗎？

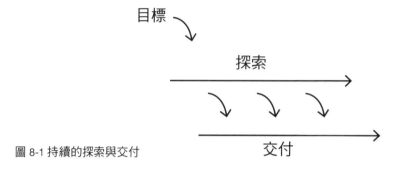

圖 8-1 持續的探索與交付

2. 用戶能搞清楚怎麼使用這個產品嗎？

3. 工程師做得出這個產品嗎？

4. 我們的利害關係人也支持這個產品嗎？

原型

產品探索必須做一系列迅速的實驗。為了迅速又便宜地完成這些實驗，我們使用**原型**，而不是產品。目前，各位只要知道原型分好幾種，每一種都是為了不同的風險和情況打造的。不過，任何原型需要投入的心力和時間至少會比打造產品少。這裡要強調的是，這些實驗通常使用原型做為產品假設。原型還不能上市，更不是公司現在就想要推銷及支持的東西。但原型非常有用，能讓公司以低廉的成本迅速學習。

產品交付

探索過程中所做的一切原型和實驗，都是為了迅速得到一些證據，證明產品值得被創造出來，而且我們也有能力把產品交付給顧客。這表示必要的規模、績效、可靠度、容錯度、安全性、私密性、國際

化和在地化都做了，而且產品運
作一如當初宣傳的一般。產品交
付的目的，是為了打造及提供優

優秀的團隊通常每週會測試許多創意想法，
大概每週測試 10 到 20 個或更多。

質的科技產品——亦即可以拿來販售及做為事業經營基礎的東西。

產品和產品與市場適配

你投資時間和心力開發完善的產品，不見得有人想買。所以，在
產品世界中，我們需要努力追求產品與市場適配。

所謂的「產品與市場適配」，是指最基本的**實際產品符合特定
市場的顧客需求**。一般普遍認為這個重要的概念是在馬克・安德森
（Marc Andreessen）[1]的推廣下才流行起來的，也是本書的一大焦點。
此外，這也是實際的產品，是交付的結果。探索流程能幫我們判斷產
品是否有必要開發。至於打造、測試、推出產品則是屬於交付流程。

產品願景

最後一個關鍵概念是**產品願景**。這是產品的長期目標，通常指未
來 2 到 10 年。也代表我們身處的產品組織打算如何達成公司的使命。
所以，我們使用原型來做迅速的實驗，然後在交付流程中，我們打造
及發布產品以期待達到產品與市場適配，這就是公司實現產品願景的
關鍵步驟。如果你對這些概念還是懵懵懂懂，不要擔心。我知道你可
能有很多疑問，但是隨著深入探索每個主題，這些概念會愈來愈清楚，

---

[1]美國企業家、投資者、軟體工程師，是第一個被廣泛使用的瀏覽器 Mosaic 共同開發者，網
景通訊公司的創始人。

目前有點存疑是很正常的（例如，「我怎麼可能在一週內做 15 個實驗？」）。我提醒過你，優秀的產品團隊與其他多數團隊的運作方式截然不同，上述的說明大致讓你了解差異有多大了。

深入閱讀｜最小可行產品

「最小可行產品」（以下統一稱 MVP）的概念是產品界最重要的概念之一，已經出現很多年了。最早是 2001 年由法蘭克・羅賓森（Frank Robinson）[2] 提出，我也在本書的第一版（2008 年）寫過這個概念。不過，直到 2011 年艾瑞克・萊斯（Eric Ries）出版《精實創業》（Lean Startup）時，這個概念才流行起來。萊斯的著作對產品團隊幫助很大，是所有參與產品開發的人都應該拜讀的好書。但多數人可能也會承認，產品團隊對 MVP 的概念感到困惑，我花了很多時間幫產品團隊從這個關鍵概念中獲得價值。每次見到努力開發 MVP 的團隊時，我都能說服他們相信，其實只要花很少的時間和精力，就能達到同樣的學習效果。他們花了好幾個月打造 MVP，其實只需要花幾天、甚至幾個小時就能學到同樣的東西。

另一個令人遺憾的結果是，公司的其他部門，尤其是業務和行銷部門的領導者，往往搞不清楚產品團隊想要吸引顧客購買

---

[2] 工程師、SyncDev 公司的創辦人。該公司主要開發一套產品開發流程，協助客戶將精實流程導入產品開發中。

及使用的產品，他們連推銷都覺得尷尬。這有一部分是學習方式不當所造成的，但我覺得問題的根源在於：**雖然 MVP 的 P 是指 Product（產品），但 MVP 絕對不是實際的產品**（所謂的產品，應該是開發者可以自信地發布、顧客可以套用在他們的事業上、你可以銷售及提供支援的東西）。MVP 只是原型，而不是產品。

打造一個可以賣的東西來學習，即使那個東西功能很少，也很浪費時間和金錢，當然稱不上「精實」。我覺得用「原型」當通用語，可以讓產品團隊、公司、潛在顧客更清楚這個重要概念。所以，在這本書中，我會談到不同類型的原型和產品。**原型指產品探索流程中使用的東西，產品則是產品交付流程中生產的東西。**

第2篇

適合的人才

　　每個產品的誕生，都是從跨職能產品團隊的成員組成開始。你如何定義每個角色，如何為團隊挑選人才，很可能決定團隊的成敗。這環節很多公司做不好，因為他們擺脫不了過去。對許多組織來說，這裡討論的角色和職責與他們習慣的模式截然不同。、在第二篇中，我將說明現代科技產品團隊裡的主要角色和職責。

產品團隊

概述

　　這是整本書中最重要的概念：產品團隊是關鍵。在後續的章節中，你會看到我用多種方式強調這個概念。頂尖產品組織所做的事情，大多是為了盡量提高產品團隊的效能。

第 **9** 章

優秀產品團隊的原則

在後續的章節中，會探討團隊中的每個關鍵角色。這章主要說明優秀產品團隊該有的原則。產品團隊有時也稱**專業產品團隊**（dedicated product team）或**持久產品團隊**（durable product team），強調不是為了某個專案或功能組成的團隊或任務小組（類似軍事用語，強調這是跨職能的團隊）。產品團隊是把一群專業技能和職責不同的人匯集在一起，讓他們真實擁有產品主導權（ownership），或至少可以主導產品的大部分。成立產品團隊有多種方法（後面「擴展人力」中會討論）。但在優秀的產品公司裡，儘管產品和環境各不相同，但有幾個非常類似的重要原則。

傳教士團隊

產品團隊效益很多，著名的矽谷創投業者約翰・杜爾（John Doerr）一語道盡產品團隊的一大目標：「我們需要的是傳教士團隊，而不是傭傭兵團隊。」傭傭兵是叫他們做什麼，他們就做什麼。傳教士則是願景的信徒，致力為顧客解決問題。在專業產品團隊中，團

產品團隊需要的是傳教士團隊，而不是僱傭兵團隊。

隊的行為和情境像是大公司裡的新創企業，那正是成立團隊的意圖。

團隊組成

典型的產品團隊是由 1 位產品經理、1 位產品設計師，以及 2 到 12 位不等的工程師組成。當然，如果開發的產品不用面對用戶（例如一套可編寫程式的應用程式介面〔Application Programming Interface，簡稱 API〕），產品團隊可能不需要產品設計師。但大多產品團隊有需要。在本書中，我假設團隊需要這個職能。產品團隊還可能包括 1 位產品行銷經理、1 位或多位測試自動化工程師、1 位用戶研究員、1 位資料分析師。較大的產品組織裡也包含 1 位交付經理。如果你不知道這些角色代表什麼，別擔心，很快會逐一介紹。

團隊授權和責任

產品團隊的基本概念是，為了幫事業解決難題而存在。產品團隊必須負責實現被賦予的明確目標。公司授權產品團隊找出實現目標的最佳方法，並為結果負責。

團隊規模

沒有規定各家公司的產品團隊必須規模一致。但產品團隊確實有最低門檻的概念，通常包含 1 位產品經理、1 位設計師和 2 名工程師。然而，視情況有些團隊可能需要 5 位工程師和 2 位測試自動化工程師，有些團隊可能需要更多人。團隊的規模也有上限，通常是 8 到 12 位

工程師左右。你可能聽過「**兩個披薩原則**」（two-pizza rule）①，就是把團隊規模維持在這個範圍內。相較於團隊的絕對規模，平衡團隊成員的技巧更重要，以便用合適的方法打造合適的產品。

團隊提報架構

注意，這裡我還沒提到誰為誰效力。產品團隊的重點不在於上下從屬關係，而是刻意維持扁平的組織結構。通常，產品團隊裡的每個人都是獨立的貢獻者，沒有人管理團隊成員。團隊成員依然由部門經理管轄。例如，工程師還是由工程長管轄。同樣的，設計師還是由設計長管轄，產品經理由產品部門的負責人管轄。所以，產品團隊裡沒有上下從屬關係。顯然，產品經理不是產品團隊中任何成員的上司。

團隊協作

產品團隊是由一群技巧純熟的人長期合作，共同解決棘手的事業問題。這種關係的本質比較接近協作。協作，不是趕流行的時髦字眼，是指真正產品、設計、工程人才聯合提出解決方案。接下來我們會更深入探討這個主題，這裡你只要知道產品團隊不分階級就好。

團隊位置

上本書沒有提過團隊成員的實體位置。雖然公司不見得能讓他們**同處一地**（co-locate），但我會盡可能讓他們在一起。同處一地是指

---

①由 Amazon 的執行長貝佐斯（Jeff Bezos）提出，因為小團隊通常比大團隊有效率，所以讓開會人數不超過 2 份披薩可餵飽的人數為原則。

團隊成員坐在一起。不是大家同在一棟樓或同一樓層上班，而是彼此近到可以輕易看到對方的電腦螢幕。我知道這聽起來有點老派，況且遠端協作工具愈來愈進步，但是最卓越的公司已經意識到同處一地的重要性。如果你曾加入過同處一地的產品團隊，可能了解我的意思。你會從產品團隊運作的方式中看到，團隊坐在一起、共進午餐、培養交情時，會產生的特殊動態。

我知道這可能是偏情感性的議題。基於個人因素，不少人住在離公司很遠的地方，他們的生計有賴於遠端工作。我也不想把一切講得太武斷，非黑即白而誤導你。但在其他條件相同的情況下，同處一地的團隊通常比分散的團隊績效更好，事實就是如此。這也是為什麼我們希望產品團隊的成員都是公司員工，而不是外包或代理者的原因之一。團隊成員是公司員工時，比較容易把大家集中在一處，團隊成員也比較穩定。注意，我沒有說公司分布在數個地方不好，只要公司盡量把每個地方的團隊成員集中在一起就好了。後面我們會談到，萬一所有成員無法坐在一起該怎麼做。

團隊範疇

確定產品團隊的基礎後，下一個大問題是：每個團隊的範疇是什麼？也就是，每個團隊的職責是什麼？其中一個面向是**工作類型**，產品團隊必須對產品的一切活動負責，包括所有專案、功能、問題修復、績效、改良、內容更改等等。另一個面向是**工作範圍**。在某種類型的公司中，產品團隊負責整個產品。如今更常見的是，產品是完整的顧客體驗（你可以想一下 Facebook 或 PayPal），每個團隊各自負責體驗中的某一塊。每一塊雖小，但很有意義。

例如，你在 eBay 的某個團隊中工作，那個團隊是負責偵測及防範詐騙，或是為大型賣家開發工具和服務。又或者在 Facebook 的某個團隊中工作，那個團隊可能是負責「動態消息」、iOS 的行動 app，或某個垂直市場所需的功能。

對小型新創公司來說，這是簡單的議題，因為小公司通常只有一個團隊或少數幾個團隊，很容易分工。但是隨著公司成長，大公司裡的團隊從少數幾個擴充成 20 個、50 個，甚至更多個。協調變得更加困難（在「擴展人力」會深入探討），但分工概念其實很容易擴展，也是事業擴展性的關鍵之一。

分工的方法有很多種。有時讓每個團隊鎖定不同類型的用戶或顧客，有時負責不同類型的裝置，有時按照工作流程或顧客體驗流程來畫分。有時根據架構來定義團隊，事實上這種情況很常見，因為架構驅動**技術堆疊**（technology stack），往往需要不同類型的工程專業。無論是哪種分法，最重要的是產品管理和工程之間要一致。這也是為什麼產品部和工程部的負責人常聚在一起定義團隊的規模和範疇。

我可以告訴你，團隊的畫分沒有完美的方法。當你了解這點後會發現，追求某方面的完美時，難免會犧牲其他方面。所以，一旦決定什麼對你最重要以後，就以它做為團隊畫分的基準。

團隊存續時間

我提過產品專案團隊需要持久地存續下去，但沒提到要持續幾個月、還是幾年。最重要的是，你必須努力維持團隊的合作與穩定。雖然出乎意料的狀況難免發生，人員也可能來來去去，但是團隊成員相互了解並學會如何有效合作，是多麼難能可貴的，而且效果非常強大，

我會努力不去搞砸這種動態。持久性很重要的另一個原因是，一個領域的創新需要時間累積足夠的專業。如果人才總是來來去去，那很難累積足夠的專業，也難以讓人對產品產生必要的責任感及類似傳教士的熱情。此外，產品團隊不是為了完成特定專案而組成的。為了一個僅持續幾個月的專案、把一群人匯集在一起、專案完成後解散，那樣幾乎不可能組成傳教士團隊。

團隊自主性

想要團隊有被授權的感覺、幫顧客解決問題時產生傳教士的熱情，公司就必須賦予團隊很大的自主權。顯然，這不表示團隊可以做任何他們覺得有趣的事，但確實可以用自己覺得最合適的方式，去解決公司指派的任務。這也表示我們應該盡量減少團隊之間的相依關係。注意，我提到「盡量減少」，而不是「消除」。程度上來說，你不可能消除所有的相依關係，但我們可以努力減少那種相依性。

為什麼這樣可行？

產品公司是幾年前開始改用這種模式，如今這種模式是現代頂尖產品組織的一大支柱。這種模式之所以如此有效，有幾個原因。首先，協作是建立在關係上。產品團隊的成立，尤其是同處一地的團隊，就是為了培養這種關係。第二，創新需要專業知識。產品團隊的持久性讓人可以深入累積足夠的專業知識。第三，這種模式不是為了打造別人認為有價值的東西。在產品團隊模式中，整個團隊都了解（也需要了解）商業目標和脈絡情境。**最重要的是，整個團隊都對結果產生責任感。**

以前的專案導向模式只在乎流程的進展及成品的交付。在專業團隊模式中，產品推出後，團

團隊可以用自己覺得最合適的方式，去解決公司指派的任務。

隊不會因為大功告成而卸下責任。他們必須等用戶和企業都覺得產品實用後，才能功成身退。希望你已經隸屬於一支強大的專業產品團隊，現在更了解這種模式的意圖了。如果你的公司不是採用這種專業產品團隊的模式，這可能是最需要改正的重要大事，其他一切能否順利進行都取決於這點。不需要一次改造整個組織，可以先找一個團隊做測試。但無論如何，組成或加入一個持久的產品團隊是必要的。

深入閱讀 ｜ 原理和技術

這裡澄清一下，為什麼本書中有那麼多原則。指導產品經理時，我總是盡力解釋為什麼需要以這種方式運作，好讓大家了解背後的基本原則。我發現大家對原則有扎實的理解後，可以很清楚每種技術的採用時機，知道什麼時候運用各種技術最恰當、最實用。此外，新技術出現時，他們可以迅速評估技術的潛在價值，以及運用的最佳時機和情境。多年來雖然技術不斷推陳出新，但基本原則不變。所以，儘管大家可能想馬上套用新技術，但我希望你可以先思考原則，再深入了解如何打造卓越的產品。

第 **10** 章

產品經理

這本書談如何成為卓越的產品經理。本章中，我會明確解說。但首先把醜話講在前頭。產品經理運作的方式基本上分 3 種，我認為只有一種方法可能成功：

1. **產品經理把每個問題和決策都往上提報給執行長知道。** 在這個模式中，產品經理其實只是**待辦清單的管理員**。許多執行長告訴我，他們正面對這種無法擴展的模式。如果你認為產品經理的工作是「Scrum 敏捷專案產品負責人」（Certified Scrum Product Owner，簡稱 CSPO）認證課程中描述的那樣，你一定屬於這種模式。

2. **產品經理可以召開會議，使所有利害關係人齊聚一堂討論出結論。** 這是種委員會設計（design by committee）[①]，得出來的結論往往很平庸。大公司裡經常出現。在這種模式中，產品經理其實只是**路徑圖管理員**。

[①]以群體意見來主導設計的方式，太多人參與決策而最終產生平庸的決策（討論與妥協）。

3. **產品經理可以做自己的工作**。這本書的目的，是說

> 產品經理必須是公司裡最優秀的人才之一。

服你相信第 3 種工作方式。我用整本書說明優秀的產品經理如何運作，但話說在前，這是份要求嚴苛的工作，要具備強大的技能和優點。

我講得很直接，是因為許多公司，尤其是老字號的大企業，產品經理扮演的角色往往令人詬病。常見狀況是：公司從其他部門抓個人來（往往是專案管理師，有時是事業分析師），然後對他說：「我們現在改用敏捷式開發，不再需要專案經理或事業分析師，所以由你擔任產品經理。」但實情是，產品經理必須是公司最優秀的人才之一。如果產品經理對技術不熟悉，缺乏商業頭腦，無法獲得管理高層的信任，對顧客的了解不深入，對產品沒有熱情，或是不尊重產品團隊，那肯定會失敗。產品經理這個特殊角色有多種描述方式。有些人喜歡強調優秀產品經理的必備條件，有的則聚焦在產品經理的日常活動及投入事項。

這些內容會陸續談到，但最重要的是談產品經理的責任是為團隊貢獻什麼。對產品經理來說，答案不是那麼明顯。有些人甚至會質疑團隊是否真的需要產品經理。既然產品經理不設計東西，也不寫程式，為何還需要配置？這是一家公司沒看過卓越產品管理的明顯徵兆。

關鍵職責

某種程度上，產品經理的職責直截了當。他負責評估機會，決定該為顧客打造什麼產品的人。我們常在產品**待辦清單（product backlog）**中描述該開發什麼。聽起來很簡單。機制並不難，真正困難

的是確保產品待辦清單上的內容都值得開發。如今，最好的產品團隊裡，工程師和設計師會想要看到那些**證據**：你要求他們打造的產品真的值得開發。

為什麼現今執行長和創投業者（VC）認為產品經理的角色如此重要，那是因為：每項事業都需要顧客，顧客購買或決定使用的，就是你的產品。產品是產品團隊開發的結果，產品經理必須為產品團隊開發的產品負責。所以，我們認為產品經理該為產品的成敗負責。產品成功，是因為團隊中的每個人做了他們該做的事。但產品會失敗，都是產品經理的錯。

這樣你就可以開始了解，為什麼這個角色是未來執行長的試煉場了，也了解為什麼頂尖的創投公司在挑選投資標的時，只想投資共同創辦人曾是卓越產品經理的新創公司。所以，卓越的產品經理有 4 大責任，整個團隊都依賴這些特質：

責任 1. 深入了解顧客

首先，對實際用戶和顧客有深入的了解。更明確地說，你需要成為熟悉顧客的專家，對顧客的問題、痛苦、渴望、想法瞭若指掌。如果你是為企業客戶開發產品，你還需要熟悉客戶怎麼運作，以及客戶如何決定採購。每天必須做的決定都需要仰賴這些知識。對顧客了解不夠深入時，你只能臆測。想要深入了解顧客，需要質化與量化的學習（質化學習是了解用戶和顧客為什麼有那些行為；量化學習是了解顧客在做什麼），那也是接下來要討論的內容。當然，對產品經理來

說，這是基本的必要條件。但我
仍要澄清一點，產品經理也必須
是實際產品的專家。

成功的產品不僅廣受顧客喜愛，也推動公司
的事業發展。

責任 2. 深入了解資料

如今，一般預期產品經理有足夠的能力處理資料和分析，兼具量化和質化技能。網路創造出前所未有的資料量、資料及時性。所謂「了解顧客」，很大部分是了解他們如何使用你的產品。產品經理每天上班第一件事，是花半小時左右的時間使用分析工具，了解過去 24 小時發生了什麼。他們主要看銷售分析資料、使用分析資料、A/B 測試的結果。你也許可以找一個資料分析師幫你做這些事，但資料的分析以及對顧客的了解是無法委託別人幫忙的。

責任 3. 深入了解事業

成功的產品不僅廣受顧客喜愛，也推動公司的事業發展。產品經理的第三個重要貢獻，也是許多產品經理認為最難產出的貢獻，是對事業、事業的運作方式、產品在事業中扮演的角色有深入的了解，這些實際做起來比讀懂還要困難。這表示你要知道公司的各種利害關係人是誰，尤其是了解他們面臨的限制。重要的利害關係人包括管理高層、業務、行銷、財務、法律、事業發展、客服等單位。執行長通常也是很重要的利害關係人。成功的產品經理需要說服各種利害關係人相信你了解他們的限制，而且你會努力提供符合其限制的方案。

責任 4. 深入了解市場和產業

產品經理的第四個重要貢獻,是對市場和產業的深入了解。他不僅需要了解競爭對手,還要熟悉科技趨勢、顧客行為和預期,密切追蹤相關的產業分析師,了解社群媒體對你的市場和顧客的影響。如今多數市場中的競爭對手比以往更多。此外,公司也了解開發「黏度高」的產品很重要,這表示你想從競爭對手那裡搶走潛在顧客可能很難。所以,你的功能媲美競爭對手還不夠,你必須大幅超越競爭對手,才能把用戶或顧客從競爭對手那裡吸引過來。

　　產品經理需要深入了解競爭局勢的另一個原因,是打造的產品需要融入其他產品所構成的生態系統,而且最好的情況是,你的產品不僅和那個生態系統相容,還可以為那個生態系統增添重要的價值。此外,產業不斷在變,我們必須為未來的市場開發產品,而不是為以前的市場開發。

　　舉個例子,撰寫本章之際,某個主要的科技趨勢正席捲我們的產業,那是以機器學習和其他形式的人工智慧為基礎。我敢預測,這至少是未來年的一大科技趨勢,這是你需要熱愛科技產品的原因。可能發生的事情不斷改變,如果你對學習新科技不感興趣,也不太願意跟工程師和設計師一起,探索如何利用這些趨勢為顧客提供顯著進步的產品和體驗,真的需要考慮產品經理這個職業是否適合你。總之,這是你需要為團隊帶來 4 項重要貢獻:

　　1. 顧客;

　　2. 資料;

　　3. 事業和利害關係人;

　　4. 市場和產業。

　　如果你是設計師或工程師,公司又要求你身兼產品經理的工作,

這就是你需要做的事。我先提醒你，那些事情多如牛毛。另外再提醒一點：有些公司涉及的產業

和領域知識實在太廣，產品經理可能會搭配所謂的**領域專家或主題專家**。例如，開發報稅軟體或醫療器材的公司裡，可能會有領域專家。在那種情況下，你不可能期待產品經理不僅熟悉上述一切，也對該領域有必要的深度了解。不過，那種情況其實很少見，一般的情況是產品經理確實需要具備（或能夠學習）必要的領域專業知識。

產品經理剛上任時，通常需要 2 到 3 個月的時間專注地學習，才能跟上進度。這是假設你有一位上司可以給你累積專業所需要的協助和管道，包括密集地接觸顧客、讀取資料（必要時，接受工具訓練以讀取資料）、接觸重要的利害關係人、有時間去徹底了解產品和產業。

具有特質：聰明、有創意和毅力

看了產品經理需要為團隊做出什麼貢獻後，我們來看哪種人可以在這種情境中蓬勃發展。**成功的產品經理必須非常聰明、有創意和毅力**。所謂的聰明，不是單指智商很高，而是指求知欲強，學得快，能夠迅速應用新技術為顧客解決問題，觸及新的受眾，或實現新的商業模式。至於有創意，是指另類思考，能夠以一般產品功能外的方法來解決商業問題。最後，有毅力指的是以令人信服的證據、持續的溝通、銜接不同部門的意見衝突，推動公司跨出舒適圈。我覺得，對產品的熱情以及幫顧客解決問題的熱誠是教不來的。人的熱情，要麼本來就有、或根本沒有。這也是面試產品經理時，第一個要確定的特質。這裡，我假設你有這個特質。或許現在是向你坦白透露產品經理這個

職位要求的好時機。

產品經理不是朝九晚五的工作。意思不是每天上班會長達 15 個小時，我只想表達，這個職位的工作量很大，你每天下班後，會繼續把工作帶回家做。如果你想追求工作與生活的平衡，產品團隊每個工作都比產品經理好。這樣講可能不太厚道，但我要是誤導你，對你也沒有幫助。如果你不是對產品及這份工作充滿熱情，產品經理要投入的時間和心力很多，你很難長期堅持下去。或許，能給你的最重要建議是：你必須非常認真為這個角色做準備：

- 從變成用戶專家和顧客專家做起。公開分享你學到的東西，無論好壞。讓你成為團隊及公司同仁詢問顧客相關資訊（量化及質化資訊）的不二人選。

- 與重要的利害關係人和商業夥伴培養深厚的關係。說服他們相信 2 件事：（1）你了解他們的限制。（2）你會努力提供符合這些限制的方案。

- 成為產品和產業專家。同樣的，也要大方地公開分享那些知識。

- 最後，努力與產品團隊培養良好的合作關係。

我沒有說這一切都很容易，但相信我，這是優秀產品經理的基本必備條件。

產品經理側寫

這本書除了介紹理論和技術以外，也會介紹一些實例，一些完美達成產品經理任務的典範。這些人包括：

- Google 的珍・曼寧（Jane Manning）

- Adobe 的麗雅・希克曼（Lea Hickman）

- BBC 的亞莉山卓拉・普蕾絲蘭（Alexandra Pressland）
- Microsoft 的瑪蒂娜・羅倩科（Martina Lauchengco）
- Netflix 的凱特・阿諾德（Kate Arnold）
- Apple 的卡米爾・赫斯特（Camille Hearst）

曾經做過產品的人都知道，開發產品絕非易事。我挑選這幾位典範是為了說明優秀產品經理的貢獻相當困難，但非常重要。我舉例的那些產品都很經典，你可以一眼就認出來。但很少人知道產品背後的產品經理，更少人知道他們的幕後故事。這幾位產品經理都不厭其煩地向我強調，他們的產品團隊非常出色，所以產品的成功絕對不只靠個人努力，但我希望這些例子能讓你清楚知道產品經理的重要貢獻。希望你從這些例子中學到的重點包括：

1. **產品管理與其他領域截然不同。** 產品經理顯然和設計師的貢獻不同，顯然也不是專案經理。產品管理免不了會涉及一些專案管理，就像所有的管理職位一樣。但是把產品經理定位成專案經理，則完全忽略了那個角色的本質。我認為產品經理的角色和執行長的角色最相似。但是和執行長明顯不同的是，產品經理不是任何人的老闆。

2. **產品經理就像執行長，必須深入了解事業的各方面。** 產品經理必須確保事業結果，不只負責定義產品而已，必須熟悉事業相關部分和限制——財務、行銷、業務、法律、合作夥伴、服務、顧客環境、技術能力、用戶體驗——並找出一個對顧客和企業本身都可行的方案。但不要因此認為產品經理需要 MBA 學位（本書介紹的優秀產品經理都沒有 MBA 學位），或你需要具備 MBA 技巧。你只需要廣泛了解一項產品對事業的影響，

並與團隊成員及公司的其他部門合作處理重要的事情就好了。

3. **這些例子中，成功的方案不是來自用戶、顧客或業務員。**卓越的產品有賴設計師和工程師的密切合作，以符合事業需求的方式，為用戶和顧客解決實際的問題。在這些例子中，用戶本來不知道後來愛用的方案可能成真。

4. **優秀的產品經理和普通的產品經理之間，主要差別在於真正的領導力。**所以，不管你的職銜或職等，如果你有心成為卓越的產品經理，就不要害怕領導。

深入閱讀 | 產品經理 vs. 產品負責人

你可能會聽到「**產品負責人**」（product owner）這個用語，並納悶和產品經理有什麼關係。首先，產品負責人是敏捷團隊中負責產品待辦清單的角色名稱。切記，各種類型的公司都可能採用敏捷式開發，不是只有產品公司。

在產品公司中，產品經理也是產品負責人。如果你把這些角色拆分二個人，會發生一些常見的問題——團隊失去創新能力，無法持續為事業和顧客創造新的價值。此外，產品經理的其他職責是在產品公司中做出正確的「產品負責人決定」。再者，雖然我總是鼓勵產品經理學習團隊使用的開發流程，但是去上產品經

理認證課程或取得認證只涵蓋
產品經理職責的一小部分。總
之，產品負責人的職責只是產

在產品公司中，產品經理必須也是產品
負責人。

品經理職責的一小部分，但產品經理同時兼顧這二種職責很重要。

深入閱讀 | 產品經理的 2 大課程

　　產品經理可能來自各種領域。當然，許多產品經理是資工系
畢業，還有些可能是企管系或經濟系畢業。但你也會看到優秀的
產品經理是來自政治系、哲學系、藝術系、文學系、歷史系⋯⋯
各種五花八門的科系。如果你想成為工程師或設計師，學術教育
可以幫你為那些領域的職涯奠定基礎。但是科技產品的管理方面
沒有相關的學術教育，那是因為這份工作最需要的能力是我剛剛
提過的：聰明、有創意和毅力。我認為每個產品經理都應該學習
2 門學術課程：

課程 1. 電腦程式設計入門

　　如果你從未上過程式語言課程，這就是你必須上的第一門
課。你學哪種程式語言都沒關係，只要不是 HTML 就好。你可
以上網學，但我先提醒你，很多人學習第一種程式語言時覺得很
難。所以，最好是去上那種需要每週交作業的程式語言課。你上

課後，可能喜歡或討厭程式設計。但無論如何，那都會徹底拓展你的技術視野，讓你跟工程師及設計師進行更豐富的討論，也可以幫你更了解那些技術的威力。

課程 2. 企業會計／財務入門

就像你需要知道電算語言一樣，也需要了解商業語言。如果你從未學過，需要修一下企業財務入門課。了解營利型的公司是如何運作的，以及對事業很重要的企業關鍵績效指標（key performance indicator，簡稱 KPI），包括顧客的終身價值、每個用戶／顧客的平均貢獻收入、顧客招攬成本、銷售成本、邊際利潤等等。好的通識行銷課程通常也涵蓋這些主題。關鍵是確保你對企業運作的方式有全面的了解。你可以去社區大學修課或自學，尤其是請財務部門的同事指導。總之，學會這些東西是好事一樁。

第11章

產品設計師

本章描述產品設計師的角色，但內容不是針對設計師，而是針對需要知道如何與設計師有效合作的產品經理。很多公司不明白為什麼團隊裡有才華過人的設計師那麼重要，這種公司數量之多，令我訝異。他們知道工程師的重要，卻不了解設計的重要性，因此浪費了很多時間和金錢。現代的產品設計師負責以下任務：

產品探索

在老式模型中，設計師從產品經理端取得需求或規格，接著以那套需求為基礎設計產品。相反的，現代的產品設計師從產品探索到交付為止，持續跟產品經理和工程師合作。同樣的，產品設計師不跟其他設計師一起坐，而是和產品經理一起，產品設計師是產品經理在產品探索中的合作夥伴。產品設計師的優劣，不是以設計成品來衡量，而是以產品的成效來衡量。因此，產品設計師與產品經理有許多相同的關注重點。他們的設計是以實際的顧客為中心，以產品帶給顧客的價值為重。他們知道產品是為企業服務，並把企業受到的限制融入產品設計中。設計師也知道，用戶體驗對顧客價值的重要性不亞於產品的根本功能。

整體的用戶體驗設計

產品設計師的優劣，不是以設計成品來衡量，而是以產品的成效來衡量。

用戶體驗（UX）比用戶介面（UI）廣泛許多，有些人甚至以「**顧客體驗**」來強調這概念。用戶體驗是指顧客和用戶實現產品提供的價值，包含顧客長期接觸公司與產品的所有接觸點和互動。對現代產品來說，通常包含多個不同的介面，以及其他的顧客接觸點（例如電郵、行銷活動、銷售流程、顧客支援等等）。在一些產品中，用戶體驗也包含離線服務，例如用 Uber 系統叫車，或是透過 Airbnb 承租房子。優秀的產品設計師是把顧客和產品及公司互動的整個過程視為一體來思考。接觸點因產品而異，那份清單可能很長，相關的思考問題包括：

- 顧客如何得知我們的產品？
- 我們如何吸引用戶首度嘗試，並揭露新功能？
- 用戶在一天的不同時刻如何和產品互動？
- 還有哪些東西也在搶占用戶的注意力？
- 使用產品一個月的用戶和使用一年的用戶有什麼差異？
- 我們如何激勵用戶更愛用產品？
- 我們如何營造滿足時刻？
- 用戶如何與人分享自己的體驗？
- 用戶如何獲得離線服務？
- 用戶對產品的反應度如何？

原型設計

稍後我會探索用來測試產品創意的技巧，那些技巧大多是用來測

試原型，而原型大多由產品設計師打造出來。優秀的產品設計師以原型做為溝通創意的主要媒介，包括內外部的溝通。他們通常習慣使用多種不同的原型設計工具，懂得把適合的工具套用在手邊的任務上。

用戶測試

優秀的產品設計師會不斷對真正的用戶和顧客測試他們的創意想法。不只在原型完成或想法完整時才做測試，而是把測試融入每週的步調中，以便時時驗證及精進想法，同時收集意外發現的新見解。這也顯示，在接觸客觀的外部意見以前，設計師不能過於執著那些想法。用戶測試比易用性測試更廣泛。產品設計師和產品團隊利用用戶測試的機會，來評估創意想法的價值。例如，用戶會使用或購買這個產品嗎？如果不會，為什麼不會？

互動和視覺設計

以往大家一直把互動和視覺設計視為不同的角色。**互動設計**通常包含根本的概念模型（例如，照片管理程式可能有照片、相冊、專案）、任務流、以及操作這些概念的控制介面。**視覺設計**包括構圖、字體、以及視覺品牌的表達方式。

現代的產品設計師可能有不同的專長，但通常都具備某種程度的互動設計和視覺設計的技能。擁有更完整的工具集時，就能根據情境，迅速打造出不同程度的擬真原型。這也讓他們設計出只考慮互動和視覺設計時所無法自然呈現的體驗。設計行動介面時，這點特別重要，因為設計師往往必須打造出跟視覺設計密不可分的互動新模型。如果你是打造消費性電子品之類的裝置，設計還有個重要的面向：**工業設**

計——著眼於製造材料和設計。

缺乏產品設計

以下 3 種情況是出奇普遍的嚴重問題：

1. 身為產品經理，卻試圖自己動手做設計。如果本身就是訓練有素的設計師，同時身兼產品經理的職責，那就另當別論。這裡指的狀況是，你沒有受過設計訓練，但工程師需要設計，所以你只好自己做。那通常意味著你要提供線框稿（wireframe）給工程師，讓他們拼湊出某種形式的視覺設計。

2. 身為產品經理雖然不提供設計，但是向工程師提供大致的用戶故事（user story）①。工程師為了寫程式，別無選擇，只能自己設計。

3. 身為產品經理，自己提供互動設計（尤其是線框稿），然後再請視覺或平面設計師提供視覺設計。

這 3 種情況都是嚴重的問題，也很少得出好的結果，無法提供我們想要的整體設計。Apple 是全球最有價值、也最在乎設計的公司，但很少科技公司像 Apple 了解設計人才的重要。大家常談論 Google 和 Facebook 的工程師，他們的工程團隊確實很強，但這二家公司都在設計人才上投下鉅資。如果你是打造最終用戶使用的產品，一定要為產品團隊找一個訓練有素的產品設計師。如果你是為消費者開發產品，我覺得強大的設計能力是基本的必備要件。如果你是為企業打造產品，

---

①或譯「用戶敘述」，是一段簡單的功能敘述，以客戶或用戶的觀點寫下有價值的功能。

設計可以成為脫穎而出的最佳競爭優勢。

遺憾的是，多數企業產品設計很糟。不過，似乎沒有人追究，因為企業產品的使用者通常不是採購者。幸好，這種情況正在改變，有一種新的 B2B 公司很重視設計，他們正在取代那種老派思維。至於為小型企業打造的產品，使用者通常就是採購者，所以這種產品的要求標準通常訂得跟消費品一樣高。但還是有很多公司花錢投資在設計師上，卻只解決了一半的問題，歸結原因如下：

許多公司某天突然意識到設計很重要，所以花錢招募設計師，在公司內部成立設計部門。你還是得把設計需求拿給這群設計師看（他們經常坐在自己的小工作室裡），等設計完成後才拿到結果。如果要以這種方式工作，也許繼續使用外包的設計公司就好了，不必招募設計師。問題是，本來就不該以那種方式工作。我們需要設計，不只為了讓產品看起來有吸引力，也是為了探索適合的產品。

在如今的強大團隊中，「設計對功能的影響」至少跟「功能對設計的影響」一樣大，這是很重要的概念。要做到這點，需要讓設計師成為產品團隊中的關鍵成員，讓他跟產品經理坐在一起，而不是只把他當成支援的配角。一旦產品團隊中找到一位專屬設計師，以下是你和設計師培養健全融洽關係的 5 個關鍵：

1. 想盡辦法讓設計師坐在你身邊。

2. 每個創意概念從一開始就把設計納入構思。

3. 盡量讓設計師參與許多用戶互動，讓他一起了解用戶和顧客。

4. 忍住衝動，不要直接把你的設計想法提供給設計師。盡量給予設計師很多的空間，讓他解決設計挑戰。

5. 鼓勵設計師儘早經常地反覆改進。鼓勵設計師反覆改進的最好

設計不只為了讓產品看起來更有吸引力，也是想要探索適合的產品。

方法，就是不要在他早期反覆改進時對設計細節吹毛求疵。更廣義的做法，是鼓勵設計師不只反覆實驗某種設計方法，也探索另類的解決方案。

重點在你和設計師是真正的合作夥伴。同在一個團隊裡，是為了一起探索必要的產品方案，各自為團隊帶來不同的關鍵技能。

第 12 章

工程師

　　本章描述工程師的角色（一般稱為開發人員，有些圈子稱程式設計師）。不過，跟上章一樣，這些內容不是對工程師說的，而是說給必須懂得如何與工程師有效合作的產品經理聽的。對成功的產品經理來說，最重要的團隊關係莫過於與工程師的關係。如果關係很好，互敬互重，產品經理的工作可以輕鬆很多。如果關係不太好，當產品經理的日子會很難熬（可能也當不久）。所以，這段關係值得認真看待，想盡辦法培養。這種融洽的關係是從產品經理開始做起。產品經理需要先做功課，為團隊帶來深入的知識以及產品管理的技能。

　　工程師通常很聰明，且生性存疑，如果你虛張聲勢，他們不太可能被呼嚨過去。遇到不懂的事情，最好坦白承認，告訴他們你會盡快了解，不要不懂裝懂。此外，確實了解工程的嚴苛要求及複雜度也很重要。如果你以前是工程師，或以前是讀資工系，應該很了解這些。如果不是，我非常建議你去社區大學或線上學院修程式語言的課程。培養這種程式語言的素養，不是為了告訴工程師如何做事，而是為了大幅改善你和工程師溝通與合作的能力。另一個沒那麼明顯、但一樣重要的效益是，這些知識可以讓你更了解科技以及可能的藝術。

同樣重要的，是產品經理需要公開分享對顧客的了解（尤其顧客的痛苦所在），提供顧客相關資料以及事業的限制。產品經理的任務是把這些資訊帶給團隊，然後討論問題的潛在解決方案。提出主觀的觀點也沒有關係，但產品經理必須持續讓團隊知道自己思想開明，知道如何傾聽，而且想要、也需要他們的協助來開發合適的產品。

另一個實務重點是，你每天上班都需要和工程師直接交流。每天通常會有 2 類討論，第一類討論是你針對產品「探索」流程中提出的物件，徵詢工程師的想法和意見。第二類討論是工程師要求你針對他們正在開發以便「交付」的物件，釐清一些問題。

很多產品經理與工程師溝通時，常把關係搞砸。正如多數的產品經理不喜歡管理高層或利害關係人確切地指示他們打造什麼的產品，工程師也不喜歡聽產品經理直接叫他們打造什麼。所以，對科技深入了解雖然是好事，但產品經理要是運用那些知識指揮工程師，越俎代庖就不好了。你應該盡量給予工程師很多自由，讓他們想出最好的解決方案。切記，萬一出狀況，半夜被叫起來解決問題的是他們。最後要記住的是：工程師的士氣高低，基本上受到產品經理影響。**你的任務是確保工程師像傳教士，而不是傭傭兵**。為此，你要讓他們深入了解你想解決的顧客痛苦，以及你面臨的企業問題。不要刻意遮住這些事實，要公開溝通這些問題和挑戰。工程師會因此更尊重你，而且多數情況下，也會接受挑戰，全力以赴。

深入閱讀｜技術領導（Tech lead）角色

工程師分多種類型。有些人負責用戶體驗（通常稱為**前端開發人員**），有些人負責特定的技術（例如資料庫、搜尋、機器學習）。與很多角色類似的是，工程師的職涯發展也是逐步高昇，後來成為資深工程師，有些人甚至晉升為首席工程師或架構師。另一些人則是往工程領導路線發展，通常是從**技術領導角色**（又稱「**開發領導**」〔dev lead〕或「**主任工程師**」〔lead engineer〕）開始。

一般來說，從產品管理角度來看，所有資深工程師的廣博知識攸關著產品的可能性。技術領導不僅有這些知識（並肩負把這些知識分享給團隊中的其他工程師），還有明確的責任幫產品經理和產品設計師探索強大的解決方案。

不是每個工程師都想參與產品探索活動，有些資深工程師甚至不願意參與，這也沒有關係。不過，萬一整個團隊裡完全沒有工程師想要參與產品探索活動，那就糟了。正因如此，產品經理、產品設計師跟技術領導的合作最為密切。在一些產品團隊中，可能不只一位領導，那樣安排更好。

值得注意的是，工程師有不同的工作風格，設計師也是如此。產品經理需要敏銳察覺與他們互動的最佳模式。例如，許多產品經理樂於在一大群人面前說話，甚至面對一群高管也覺得很自在，但許多工程師或設計師不太喜歡面對人群，產品經理應該要敏銳察覺這點。

第13章

產品行銷經理

產品行銷經理的角色與產品團隊的其他成員有點不同。不是他們不重要，而是產品行銷經理往往不是每個產品團隊中的全職專屬成員。產品行銷通常是按產品、目標市場，有時按進入市場的通路來建構，尤其成立已久的公司通常這樣畫分（例如大企業、垂直、中型市場）。產品行銷人員通常比產品團隊少，所以常一人兼顧數個產品團隊。

在優秀的科技產品公司中，產品行銷在產品探索、交付、上市的流程中扮演重要角色，所以是產品團隊的重要成員。你很快會發現，開發市場熱愛的產品絕非易事。我們需要開發顧客喜歡的產品，但那產品也必須能夠推動公司的事業發展。然而，所謂「推動公司的事業發展」，有很大部分是指一個實質的市場（大到足以支持一個事業），公司可以從許多競爭對手中脫穎而出，用有成本效益的方式招攬新顧客，也有把產品送到顧客手中的上市通路和能力。這方面，產品行銷是產品經理的重要合作夥伴。

產品行銷的本質，因事業類型及產品進入市場的方式不同而有些微差異。如果開發的產品是透過業務人員或通路銷售團隊直接推銷給企業客戶，宣告市場定位非常重要──這裡指的市場定位，除了資訊傳遞以外（亦即數位／內容資產、銷售工具，以及有效銷售產品的培訓），還有

產品必須占有的市場地位。如果公
司有銷售團隊，但沒有產品行銷夥
伴，產品行銷的任務很可能落在產
品經理的身上。這個任務很容易變
成全職的工作。考慮到銷售團隊的成本，你也無法忽視這份工作。但是，
如果產品經理整天幫著銷售團隊做事，誰來開發產品？

現代的產品行銷經理代表著市場：定位、資訊傳遞、成功的上市計畫等等。他們深入參與銷售通路，了解他們的能力、限制和當前的競爭議題。

如果你的公司是直接銷售給消費者，行銷團隊很容易把焦點放在點
擊次數和品牌上，忽略了整個產品的「差異化市場定位」。差異化的市場
定位對公司長期前景很重要，也為產品團隊工作賦予更多的意義。公司裡
有產品行銷經理跟產品經理一起共事，是最有利的安排。你們絕對值
得花時間充分了解市場，也確保產品行銷同事對產品有足夠的了解，
這樣更能合作無間。

在產品探索與交付的過程中，有許多重要的互動。所以，跟產品
行銷同事培養良好的工作關係，是絕對值得你花心思投入的事情。例
如，確保產品團隊從夠廣的市場取樣中獲得良好的訊號。根據這些早
期的產品訊號來決定資訊傳遞及上市計畫也很重要。

注意，這裡討論的是產品行銷角色的現代定義，而不是舊有的模
式。在舊有的模式中，產品行銷是負責定義產品，產品管理主要是負
責與工程師合作以交付產品。有強大的產品行銷夥伴，完全不會減少
產品經理交付成功產品的責任。產品行銷經理和產品經理培養深厚的
關係時，他們都了解各自的角色，也知道他們攸關彼此的成敗。

第14章

其他配角

目前為止，討論了產品經理的角色，以及每天需要密切合作的設計師、工程師、產品行銷經理的關係。除此之外，有一些支援者也是共事對象，這些人不只為團隊效勞，通常是兼顧數個產品團隊。

接下來說明的角色，產品經理不一定會共事到，完全看任職的組織規模和類型而定。如果是小型新創公司，很可能不會遇到，這些角色的任務必須由產品經理包辦。這些角色裡的部分或全部，你可能會在其他公司裡遇到，所以必須說明他們存在的原因，最重要的，是如何善用這些人才。

用戶研究員

談到「產品探索」怎麼做時，你會發現那是兩種持續、快速的學習和實驗。一種是質化，另一種是量化。尤其，質化學習中，有些研究是衍生型（generative），亦即理解我們需要解決的問題；有些研究是評估型（evaluative），亦即評估方案解決問題的效果。用戶研究員受過這些質化技巧的訓練（有些也受過量化技巧的訓練）。他們可以幫你找到合適的用戶類型，設計合適的測試類別，試著從每個用戶或顧客互動中得到最多資訊。想要善用用戶研究員提供的真正價值，關鍵在於共同學習，產品經

理必須見證研究員提供的見解。這部分在談產品探索原則時會深入討論。雖然用戶研究可以了解很多資訊，但不表示可以把學習都委託用

戶研究員來執行、提交一份報告給你就好。如果公司沒有用戶研究員，產品設計師通常會為產品團隊承擔這些責任。

資料分析師

在量化學習方面，資料分析師幫助團隊收集合適的分析資料，管理資料隱私的限制，分析資料，規畫即時資料測試，並理解及詮釋結果。資料分析師有時稱為商業情報（business intelligence，簡稱 BI）分析師。對於企業收集和發布的資料類型，他們是專家。與資料分析師打好關係對你有益，因為如今許多產品工作都是資料導向，資料分析師對你和公司來說可能是真正的金礦。在一些公司裡，尤其是資料量特多的公司（例如大型的消費公司），可能每個產品團隊都有全職的資料分析師，座位可能會和產品經理、產品設計師在一起。如果公司沒有資料分析師，這個責任通常會落在產品經理的身上。這種情況下，產品經理可能需要花很多時間深入研究資料，了解局勢並做出正確的決策。

測試自動化工程師

測試自動化工程師是為產品編寫自動化測試，他們大致上取代老式的手動測試品保人員。有些公司的工程師很可能既要編寫軟體，也要編寫自動化測試。這代表你的團隊沒有足夠的測試自動化工程師。多數公司是採取混合做法，亦即讓工程師編寫一些自動化測試（例如

部門層級的測試），也讓測試自動化工程師編寫一些比較高層級的軟體。至於公司採用哪種模式，通常是由工程部門的領導者決定。萬一你的公司沒有測試工程師，工程師也不做品質測試，而且他們都寄望產品經理來做，那就糟了。身為產品經理，你希望在產品上市前一切如預期（接受度測試），但這程度跟信心十足發布產品是兩碼事。若要自信地發布產品，測試自動化必須達到高水準，也是件大工程。若是複雜度高的產品，每個產品團隊中通常會有多位專職的測試工程師。

第 15 章

產品經理側寫：Google 的曼寧

　　我相信大家都聽過 Google 的 AdWords，可能也聽過這個產品正是推動 Google 帝國蓬勃發展的動力來源。具體來說，截至本文撰寫之際（2017 年），AdWords 已有十六年的歷史，光是最近一年，就創造了六百億美元以上的營收。沒錯，是好幾百億美元。不過，我想多數人並不知道這定義產業的產品怎麼來的，尤其是這個產品當初差點胎死腹中的秘辛。那是 2000 年。AdWords 專案最艱難的部分，是讓大家同意開發這個產品。賴瑞・佩吉（Larry Page）支持這個核心概念，但這概念一提出來，廣告銷售團隊及工程團隊馬上強烈反對。曼寧（Jane Manning）當時是年輕的工程經理，他被指派為產品經理，負責推動這產品概念。

　　銷售團隊由奧米德・柯德斯塔尼（Omid Kordestani）領導，他們一開始鎖定大品牌推銷關鍵字廣告，讓大品牌出現在搜尋結果的上方。那些搜尋結果雖然有標示「廣告」，但依然非常顯眼，風格很像其他公司在搜尋結果中採用的方式（例如網景，柯德斯塔尼也是來自網景）。銷售團隊擔心，AdWords 這種自助廣告平台的概念會削減銷售團隊推銷的廣告價值，產生「競食」（cannibalization）效果。至於

不開發的產品，總有許多好理由。至於那些成功上市的產品，則總有位產品經理努力說服每位反對者接受產品，無論那些反對者是技術部門、業務部門，還是其他部門。

工程部，他們努力提高搜尋結果的相關度，也擔心廣告會干擾搜尋結果，導致用戶感到困惑及失望。這擔心是可以理解的。

曼寧分別與這二個部門面談，以深入了解各自的擔憂。有些人純粹不習慣看到廣告，有些人則擔心廣告產生競食效果，還有些人擔心用戶可能心生不滿。曼寧了解限制與擔憂、掌握必要資訊後，便開始主張解決議題的方案，同時讓無數的小企業使用這種更有效的新廣告方案。此外，他也說服 Google 最受尊敬的工程元老喬治·哈利克（Georges Harik）相信這個概念的潛力，哈利克幫忙說服了其他的工程師。

他們最後開發出來的產品方案，是把 AdWords 生成的廣告放在搜尋結果的側邊，以免大家把 AdWords 和業務人員推銷的廣告混淆在一起。業務人員推銷的廣告是放在搜尋結果的上方。此外，廣告的位置不只由支付價格決定，而是採用公式：以「每次曝光成本」乘上「廣告績效」（點擊率）來決定廣告位置，所以績效最好的廣告（最有可能跟用戶有關的廣告）位置會往上移，績效最差的廣告、即使以更高價售出，也可能不會顯示出來。這種方案和廣告團隊推銷的廣告有明確區別，並維持搜尋結果的品質，無論是付費搜尋結果或自然搜尋結果。曼寧領導產品探索的工作，並為 AdWords 寫下第一版規格。接著，他與工程師一起開發及發布產品，結果成效驚人。

這例子顯示，不開發的產品總有許多理由。但成功上市的產品背後，總有像曼寧那樣的幕後功臣，努力說服每位反對者接受產品，無論那些反對者在技術部門、業務部門，還是其他部門。曼寧後來為了

生育及養育孩子留職停薪一段時間，現在重返 Google，加入 YouTube 團隊。

人力的擴展

概述

多數的公司都知道，隨著公司成長，需要加倍努力招募優秀人才。但公司不見得知道，成長及規模變大時，還有哪些變化也很重要。領導角色需要怎麼改變？公司有許多團隊時，對產品如何持續抱持整體觀點？當每個團隊只負責整體的一小部分時，如何讓他們持續獲得授權，有自主感？當公司裡唯一承擔一切責任的人是執行長時，如何鼓勵問責制？如何因應相依關係（dependencies）的大幅暴增？在說明強大的產品組織擴展過程中，會逐一探討上述那些主題。

第16章

領導的角色

在科技組織中，領導的首要任務是招募、培育、留住優秀的人才。然而，在產品公司中，這個角色的任務超越人才培育，跨入所謂「**產品的整體觀點**」。一家新創公司通常只有 1 到 2 個產品團隊，所以要讓每個人對產品抱持「整體觀點」不難。但公司成長時（先是產品團隊變大，不久擴展成公司內部有許多產品團隊），很快會變得困難許多。產品的整體觀點有 3 個截然不同的關鍵要素，逐一說明如下：

關鍵要素 1. 產品管理的領導者

為了從事業的觀點全面了解整個系統如何結合在一起（產品願景、策略、功能、事業規則、事業邏輯），需要靠產品管理組織的領導者（產品副總裁、產品總監）或產品總管（principal product manager）。這個人應該定期檢查各個產品經理與產品團隊的工作，找出衝突並協助化解衝突。

在大型組織裡，有些公司希望這是個獨立的全職工作（例如產品總管），但必須澄清，這是很資深的角色（通常相當於「總監」的級別）。由於產品部門的管理者主要負責培養產品經理的技能，所以

成長型公司的挑戰，在於了解如何結合整個產品。有些人喜歡把整體觀點想成把不同團隊之間的點連接在一起。

設立專任的產品總管可以把焦點放在產品上，他也是所有產品經理、產品設計師、工程師、測試自動化工程師可以隨時求助的重要資源。

如果公司設立產品總管，這角色的直屬上司應該是產品長（head of product）。聽到這裡，大家應該理解這個角色的重要性和責任。這個角色無論由產品部門的管理者兼任，還是另設專職，對商業系統又大又雜的公司來說，都是非常重要的角色，尤其當公司裡有很多舊有系統（lagacy system）的情況。

關鍵要素 2. 產品設計的領導者

公司另一個重要角是負責整體用戶體驗的人。這位領導者必須確保用戶的系統體驗是一致、有效的。這個人有時是產品設計團隊的領導者，有時是設計經理或設計主管，有時要聽取首席設計師的彙報。無論如何，這個人必須非常擅長整體的產品設計。由於團隊中有許多的互動和依賴關係，加上事業、用戶、顧客體驗方面也有許多必要的制度性知識，所以至少要有 1 位領導者負責檢查未來顧客看得見的一切產品相關事情。你不能寄望任何產品經理或設計師把把這一切放在心上。

關鍵要素 3. 技術團隊的領導者

最後，為了從技術的觀點全面了解整個系統如何結合，我們需要 1 位**技術團隊的領導者**（通常稱為技術總監或工程副總裁）。實

務上，這個人常需要工程經理、主管以及軟體架構師的協助。技術總監、工程經理和架構師是負責從整體觀點安裝系統。他們應該檢查所有軟體的架構和系統設計——包括公司內部團隊開發的系統以及外包商設計的系統。他們在管理技術債方面，也應該要有清楚的策略。跟產品管理的領導者一樣，這角色非常重要，尤其是商業系統又大又雜、存在很多舊系統的公司。這個人的組織地位應該放在很明顯的地方，要讓整個技術團隊都能接觸到。這個人通常直接向技術長（head of technology）彙報。

整體觀點的領導角色

公司的規模愈大，這三個角色愈重要，一旦有人缺席，產品問題通常一眼可以看得出來。例如，產品或網站看起來像由六個外部設計公司打造出來的，各自使用相互衝突的用戶模型，那可能是缺了設計負責人或首席設計師。如果專案開發老是卡住不動，因為產品經理不了解決策造成的影響，或老要求開發人員查看程式碼，告訴他系統如何運作，那可能缺了產品總管。如果你的軟體亂成一團，連簡單的修改都要花老半天的時間，那可能是你累積了龐大的技術債。

你可能會問，萬一沒有這些角色或他們離職了，那會發生什麼狀況？首先，公司當然要確保留住人才！善待他們，別讓他們動了離職的念頭，或想換到更高薪的工作。第二，你應該持續培養更多人才，而且每個人都要負責培養至少一位優秀副手。不過，這種人才真的很少，非常寶貴，因為這類學習無法一夕累積。

有些公司認為，解決方法是盡可能把系統的一切記錄下來，以便每個組織成員都可以像首席設計師、產品總管、軟體架構師那樣，從

記錄中找到同樣的答案。雖然這些公司努力想達到這目標，但我從未見過成功的實例。系統的複雜度和規模總是成長得太快，遠遠超過任何人記錄的速度。而且遇到軟體時，最終的答案總是存在原始碼（至少當前的答案是如此，通常不是存在於基本原理或歷史裡）。

最後一個重點：這 3 種整體觀點的領導者（產品總監、設計總監、科技總監）各別都是寶貴人才，但三者結合起來時，你絕對可以看到他們的真正威力。所以我喜歡把這 3 個人的辦公室安排在附近，有時是在同一個辦公室裡。

第17章

產品長的角色

這章專為 3 種讀者撰寫：

1. 執行長或高階獵才者，正在尋找產品長，本章可以深入了解應該找哪種人才。

2. 目前領導產品部門，這章可以成為稱職領導者的關鍵。

3. 希望未來能領導產品部門，這裡清楚討論需要培養的技能。

在本章中，我使用「**產品副總**」（VP product）來指這個職位，但你會發現這個職位的職稱五花八門，從產品管理總監到產品長都有。無論是什麼頭銜，這裡指公司或事業單位中最高階的產品角色。在組織中，這個角色通常管理產品經理和產品設計師，有時也管理資料分析師，通常是直接對執行長彙報。除了一些例外，這個角色應該和科技長及行銷長是對等的。

話說在前頭，這是個很棘手的角色，很難做好。這個角色扮演得好，往往能為公司帶來很大的影響。卓越的產品領導者身價非凡，之後往往會自己創立公司。事實上，有些頂尖的創投業者只投資那些曾是優秀產品領導者共同創辦的新創公司。

關鍵能力

具體而言，你要找有以下 4 種關鍵能力的人：

關鍵能力 1. 培育團隊

產品副總最重要職責，是培養一支由產品經理和設計師組成的強大團隊。必須把人才招募、培訓、持續指導列為首要之務。產品副總要意識到，培育卓越人才及開發卓越產品需要不同的技能。這也是為什麼優秀的產品經理和設計師那麼多，卻很少人能晉升到領導整個產品組織的職位。

產品副總最該避免的做法，是把績效差的人拔擢到領導職位。這個道理不言而喻，但要是知道有多少高階管理者抱持這種想法，你會很訝異：「這傢伙能力不強，但與大家共事的能力還不錯，利害關係人也蠻喜歡他，也許我可以提拔他當產品總監，然後雇一個能力強的人支援他就好。」但升績效差的人當主管，要如何寄望他提升產品團隊的績效？而且，這種做法對整個組織又傳達了什麼訊息？

身為產品副總，雇用時必須確保人才是有能力、可以培育他人，應該要有慧眼識英才的人才招募經驗，而且積極地和那些人才合作，不斷地幫他們減少缺點，發揮優點。

關鍵能力 2. 產品願景和策略

產品願景驅動及激勵公司，支撐著公司安度各種風雨。這個道理聽起來淺顯易懂，但實際上做起來很棘手。那是因為在兩種完全不同

的情況下，需要截然不同的產品領導者：

1. 執行長或創辦人本身有明確的產品願景。

2. 公司沒有明確的產品願景，通常是創辦人已經把事業重心轉移到其他地方。

上述的產品願景和策略，是兩種很糟的情況。第一種是執行長對產品相當在行，也有遠見，但他想找一個產品副總（或者更常見的情況是，董事會催他找個產品副總），他覺得應該找一個跟自己一樣的人，或至少像他那樣的遠見者。這種結果通常是二者立馬槓上，水火不容，產品副總沒多久就走了。如果這個職位的人都待不久，大概就是這原因造成的。第二種糟糕的情況是，執行長沒什麼願景，他找來的產品副總又跟他一樣。他們兩人雖然不會起衝突（他們通常相處得很好），但公司因此嚴重欠缺願景，讓產品團隊失望，全公司員工士氣低落，通常也缺乏創新。

這裡的關鍵在於，**產品副總應該和執行長互補**。如果執行長很有遠見，有些卓越的產品管理者可能不會接手產品副總的職位，因為他們知道工作主要是落實執行長的願景。但有一種不幸的情況是，創辦人擔任有遠見的執行長，他找到一名可靠的夥伴負責管理產品，這位夥伴非常擅長執行。但後來創辦人離開公司，問題就出現了，因為沒有人為公司的未來提供願景。那種願景通常不是產品副總可以馬上啟用或關閉的能力，即使他可以如此開關自如，公司可能也不願採用新觀點。這也是為什麼我偏好創辦人持續待在公司裡，即使他們決定找別人當執行長也無妨。

萬一公司執行長自以為是充滿遠見的領導者，但全公司都知道他不是，那該怎麼辦？你需要找個很特別的產品長，他不只要有強大的

遠見，還要有能力和意願去說服執行長相信那遠見是他自己原創的想法。

關鍵能力 3. 執行力

　　無論願景是誰提出的，如果創意構想無法變成顧客手中的產品，再宏大的願景都枉然。你需要知道如何完成任務、也有實證能力的產品領導者。產品團隊能否迅速有效、一致地執行任務，執行力受很多因素影響。產品的領導者應該是精通產品規畫、顧客發掘、產品開發流程的專家，而執行力代表他知道組織如何有效運作。組織愈大，產品領導者強大的實證技能愈重要，尤其是利害關係人的管理及內部宣傳方面。產品領導者必須有能力鼓舞及激勵團隊，讓每個人朝著相同方向前進。

關鍵能力 4. 產品文化

　　好產品有強大的團隊、扎實的願景、一貫的執行力。卓越的產品組織比好的產品組織又多了強大的產品文化。

　　強大的產品文化是指，產品團隊知道持續不斷、迅速做測試及學習很重要。他們知道要犯錯才能學習，但犯錯需要迅速修正，盡量減少風險。了解持續創新的需要，知道卓越產品是大家通力合作的結果。他們尊重及重視設計師和工程師，知道受到激勵的產品團隊有多大的力量。卓越的產品副總了解強大產品文化的重要，能以自身體驗過的產品文化、具體的計畫為目前任職的公司灌輸這種文化。

其他因素 1. 經驗

相關經驗（例如領域經驗）的多寡，取決於你所處的公司和產業。但至少，你想找的人才既有強大的技術背景，也了解事業及市場的經濟與動態。

其他因素 2. 默契

具備前述每個條件仍不夠，還有一點很重要：產品領導者必須能夠和其他高階主管和諧共事，尤其是執行長和技術長。如果彼此的關係不和諧，任何人都不好過。所以，面試流程至少包含跟執行長和技術長共進晚餐的機會，最好也包含行銷長和設計長。互動時開誠布公，投入情感。

深入閱讀｜產品群經理的角色

在大型的產品組織中，我覺得有個角色特別有效益，那個角色職稱是**產品群經理**（group product manager），通常稱為 GPM。GPM 是個混合角色，是個別貢獻者（individual contributor），同時也是高層人事經理。是個有實證經驗的產品經理（通常之前掛著「資深產品經理」的頭銜），現在準備好承擔更多的責任。產品經理通常有兩種職涯選擇：

一種是持續擔任個別貢獻者，只要你能力夠強，就可以一路晉升到「**產品總管**」（principal product manager）的職位，亦即績效過人的個別貢獻者，願意、且能夠處理最難的產品工作。這

GPM 這個角色被稱為「球員兼領隊」，因為 GPM 需要領導自己的產品團隊，也要負責指導及培育 1 到 3 個產品經理。

是個備受敬重的角色，通常薪酬跟總監甚至副總同級。

另一種職涯是晉升為產品經理的管理者，最常見的職稱是「**產品管理總監**」（director of product management），底下管幾位產品經理（通常是 3 到 10 人）。產品管理總監負責兩件事。第一件事是確保底下的產品經理都很優秀能幹；第二是產品願景和策略，把許多團隊的產品串連起來，又稱為**產品的整體觀點**。

但是，許多優秀的資深產品經理其實不確定接下來想走哪條職涯，GPM 這個角色是同時體驗兩種世界的好方法。GPM 是產品團隊的產品經理，但他也負責培育及指導少數幾位產品經理（通常是 1 到 3 位）。產品管理總監下面可能有多位不同領域的產品經理，但 GPM 模型的設計是為了幫助密切相關的產品團隊。舉例是最簡單例子說明：

假設你是一家處於成長階段的市集平台公司，共有 10 個產品團隊、分成 3 類：平台／通用服務組，市集的交易雙方各一組（例如買家和賣家、乘客和駕駛、房東和房客）。這樣一家公司可能會有 1 個產品副總及 3 個 GPM（一組各 1 個 GPM，買方 GPM、賣方 GPM，平台服務 GPM，共 3 位）。現在深入探索買方 GPM，假設有 3 個產品團隊組成買方體驗。買方 GPM 自己負責一個產品團隊，另外兩個產品團隊各有 1 位產品經理，那 2 位產品經理都要向買方 GPM 彙報。

我們喜歡這種做法，因為買方體驗即使是由數個產品團隊各自負責不同面向，但買方確實需要一個無縫接軌的順暢方案，所以 GPM 會與其他的產品經理合作以確保這點。大家常稱這個角色是「球員兼領隊」（player-coach），因為 GPM 必須領導自己的產品團隊，也要負責指導及培育 1 到 3 個產品經理。有些 GPM 後來變成產品管理總監或產品副總，有些變成產品總管，有些則是決定繼續擔任 GPM，因為他們喜歡結合「自己帶團隊實作」以及「指導其他團隊和產品經理」的經驗。

第18章

技術長的角色

即使是最卓越的產品創意，如果無法打造及發布出來，依舊只是個想法而已，所以你和工程部門的關係非常重要。本章描述工程部門的領導者。我有幸與矽谷最出色的技術長之一查克‧蓋格（Chuck Geiger）合寫這章。我常說，擔任產品經理時，你若和工程師共事良好，那是份好工作。若是共事不好，你的工作會很難熬。所以，為了更了解卓越的技術部門是什麼樣子，我們做了以下摘要：

首先，先澄清這裡指的是技術部門，負責架構、工程、品質、網站運作、網站安全、發布管理、交付管理的團隊。他們也負責打造及啟動公司的產品和服務。這個部門的領導者有多種頭銜，例如工程副總或技術長（CTO）。在本章中，我們稱「技術長」，但你可以隨意代換公司慣用的職稱。不過，有個職稱常讓人疑惑：資訊長（CIO）。資訊長的角色和技術長非常不同。事實上，如果你的技術部門是歸資訊長管轄，那就是一個警訊，第6章會討論那些問題的徵兆。

卓越技術長的一大特質，在於持續以技術做為推動事業和產品的關鍵策略。他的首要目標是消除技術障礙，並為事業和產品領導者盡量拓展各種可能性。為此，技術長有6大職責，這裡按優先順序逐一

說明，並討論如何衡量每項職責：

職責 1. 組織

打造有強大管理團隊的卓越部門，致力培養員工的技能。這項衡量標準通常是看所有員工的培育計畫、人才留住率、公司的其他部門對管理者以及整體產品和技術部門的評估。

職責 2. 領導力

在整體策略方向與公司領導方面，技術長代表技術部門，與公司的其他高階管理者合作，協助指引方向、併購活動、建立／收購／合作決策。

職責 3. 交付

確保技術部門可以迅速、可靠、一再推出優質產品上市。衡量產品交付有多種方式，包括發布的一致性和頻率、交付／上線軟體的品質和可靠性。迅速交付的主要障礙通常是技術債，技術長的責任是把公司的技術債壓在可管理的水準下，別讓問題影響到組織的交付力和競爭力（下面討論）。

職責 4. 架構

確保公司有完善的架構，可以交付有競爭及蓬勃發展所需的功能、擴展性、可靠性、安全性、機能。在有多條產品線或垂直事業單位的公司裡，技術長需要領導推動有凝聚力的技術策略，放眼全局，

而不是著眼於局部。技術長是全公司技術策略的策畫者。架構的衡量標準因事業而異，但一般而言，我們會持續追蹤及提升基礎架構以便跟上事業的成長。同時也會衡量因基礎設施或架構，導致停機與故障而影響顧客的情況。

職責 5. 探索

確保資深工程人員積極參與、貢獻整個產品探索流程。如果你只要求工程師和架構師編寫軟體，你只從他們身上得到一小部分你該獲得的價值。技術長最好能夠關注工程部門在產品探索流程中的參與狀況（包括參與時間的長短、參與範圍），也留意大家把創新歸功於工程參與者的頻率。

職責 6. 宣傳

技術長是工程部門的公司代言人，在與開發人員、合作夥伴、客戶互動的社群中展現領導力。這種領導力的衡量，可以看建教合作關係、校園徵才計畫、每年贊助或參與多少開發者社群的活動等等。產品長可以找機會和技術長共進午餐，了解工程部門認為什麼是最大的挑戰，以及可以從產品部門提供什麼協助。任何能夠幫助彼此的事情，都有助於打造一個真正有效的產品部門，促進產品團隊探索及交付成功的產品。

第19章

交付經理的角色

公司處於成長階段及大企業階段時，許多產品經理抱怨他們花太多時間在專案管理的活動上，幾乎沒時間處理主要的產品責任：確保工程師開發值得的產品。

交付經理是特殊類型的專案經理，他的任務是為團隊排除障礙，有時這些障礙涉及其他的產品團隊，有時涉及非產品功能。在一天內，他們可能去找行銷部門的負責人，逼他做出決定或批准；去找其他團隊的交付經理協調，以便優先處理某個重要的相依關係；說服產品設計師為前端開發人員打造一些視覺效果；還有處理許多類似的障礙。

交付經理通常也是團隊的 Scrum 隊長（Scrum Master，如果團隊裡有這個角色的話）。主要協助團隊更快完成任務，但不是透過嚴厲的手段，而是幫他們移除障礙。這些人的職銜可能是專案經理，有時稱為程式經理（或稱程序、計畫經理），但若是採用這些稱呼，要確定這些人是以本書說明的方式來定義工作，而不是以舊式的程式管理方式。

如果你的公司沒有交付經理（無論是什麼職稱），這項工作通常是由產品經理及工程經理負責。同樣的，如果你的公司很小，那沒有

公司處於成長階段或發展為大企業時，許多產品經理會抱怨花太多時間在專案管理的活動上。

關係，甚至還有好處。但如果公司的規模較大，至少有 5 到 10 個產品團隊，這個角色會變得愈來愈重要。

第20章

產品團隊的建構原則

產品部門擴大規模時，面臨的一大難題是如何把產品分給多個團隊負責。當你只有幾個產品團隊時，需要把產品分拆給不同團隊的需求就開始出現了。但公司規模大起來以後（有 25、50 或 100 個以上產品團隊時），分拆產品給數個團隊成為影響公司迅速行動力的關鍵要素。這也是讓團隊持續獲得授權的關鍵要素，讓他們覺得自己對有意義的事負責任，為更大的願景做出貢獻，發揮一加一大於二的效果。如果你的公司規模已經擴展，你應該知道我在說什麼。

這個主題難在沒有正確答案。需要顧慮與考量因素很多，優秀的產品公司會討論各種方案，然後做出決定。我共事過很多產品和技術部門，看過他們做這些考量，因此知道怎麼運作。我知道很多人渴望有套構建產品團隊的方法，但我常跟他們解釋，這種事情沒有公式可循。但有一些重要的核心原則，關鍵在於了解這些原則，然後針對你的狀況權衡不同的選項：

原則 1. 呼應投資策略

很多公司的團隊只反映出當前的投資，這點令我相當訝異。公

產品部門擴大規模時，面臨的一大難題是如何把產品分給多個團隊負責。

司某些團隊是從公司創立以來就已經存在。但公司也需要投資未來，我們可以逐步淘汰不再重要的產品，減少對「搖錢樹」產品的投資，以便投入更多資金在未來的收入及成長來源上。如何分散資金投資的時點和風險，有多種思考方式。有些人喜歡「三條地平線模型」（three horizons model）①，有些人則是採取組合管理法。這裡的重點是，你的投資策略必須對應到團隊結構的投資策略上。

原則 2. 減少相依性

團隊建構的一大目標是減少相依性，這可以讓團隊運作得更快，覺得自主性更強。雖然相依性不可能完全消除，但可以想辦法消減。此外，相依性也會隨著時間推移而變，所以需要持續追蹤相依性，經常自問如何消減相依性。

原則 3. 責任和自治

切記，產品團隊的一大重點是我們需要傳教士團隊，不是僱傭兵團隊。這直接促成責任（ownership）和自治的概念。團隊應該要有被授權的感覺，並對產品的某些重要部分有責任。這點實際做比聽更困難，因為大型系統不見得能明確切割，某種程度的相依性必然會削弱

---

①由麥肯錫公司於 1990 年代提出來的，其中地平線 1 代表現有產品的營運與可產生的現金流量；地平線 2 屬於新興業務，將於未來一到三年產生的現金流；地平線 3 屬於創造未來市場的新事業，以及開始投入研發預算。若將成長力／重要性矩陣與三條地平線成長模型結合，就可以評估之後要退出的業務。

責任意識，但我們需要努力提升團隊的責任感。

原則 4. 提高共用性（槓桿度）

隨著組織成長，我們常發現共同需求、共用服務日益重要。這是為了運作速度及可靠度著想。我們不希望每個團隊一切重頭打造。不過，也要意識到，打造共用服務會製造相依關係，可能會影響自主性。

原則 5. 產品願景和策略

產品願景描述產品部門的目標，產品策略則是描述達成目標的過程中有哪些里程碑。許多大規模的老字號企業不再有願景和策略，但願景和策略非常重要。一旦你有了願景和策略，就要根據願景及策略去建構團隊以實現目標。

原則 6. 團隊規模

這是非常實用的原則。產品團隊的最小規模通常是 2 位工程師和 1 位產品經理。如果團隊負責用戶使用技術，那還需要 1 位產品設計師。產品團隊的人力配置少於這規模時，就是低於產品團隊的基本門檻。另一方面，一個團隊有多達 10 到 12 位工程師時，1 位產品經理和 1 位產品設計師很難想出夠多、夠好創意讓工程師分別開發。另外，這裡要明確強調，每個產品團隊只需要 1 位產品經理。

原則 7. 呼應體系架構

實務上，對許多組織來說，建構產品團隊的主要原則是體系架構。很多人從產品願景開始，然後提出實現願景的架構方法，接著根

據那個架構來設計團隊。你可能覺得順序顛倒了，但這樣做其實有好的理由。架構會決定技術，技術會決定需要哪些技能。當然我們都希望每個團隊是完整的全端團隊（full-stack team），可以處理架構的任一層，但實際通常辦不到。不同的工程師受不同的技術訓練，有些人想專精於某方面（事實上，很多工程師花很多年鑽研某方面），有些人則還需要幾年的磨練才具備必要技能。因此，架構不會迅速改變。

公司建構團隊時，若是忽略體系架構，從多方面跡象很容易看出來。首先，團隊一直跟架構搏鬥。第二，團隊之間的相依性不成比例。第三，其實是前兩點造成的，團隊運作緩慢，也覺得沒有獲得很大授權。尤其，大公司往往有一個或多個團隊為其他的產品團隊提供共用服務。我們常把這些團隊稱為**共用服務團隊**（common services team）、**核心服務團隊**，或**平台團隊**，但他們主要是反映體系架構。這是高度共用的情況，所以很多公司擴展規模時，會設立這種團隊。然而，共用服務團隊很難配置人才，因為這些團隊先天就是其他團隊的依賴對象，他們的存在就是為了讓其他團隊能夠運作。你一定要為這些共用服務團隊配置技術很強、又能幹的產品經理（通常稱為平台產品經理）。

原則 8. 呼應用戶或顧客

對產品和團隊來說，呼應用戶和顧客有實質的效益。例如，公司是提供一個雙邊的市集平台，兩邊分別是買方和賣方。公司指派一些團隊關注買方、另一些團隊關注賣方時，可以享有真正的優勢。每個產品團隊都可以深入了解各自負責的顧客類型，也不用了解所有顧客類型。不過，即使在市集平台的公司裡，一定會有一些團隊是為所有

團隊提供共同的基礎和共用的服務。這是真實反映公司架構，這裡的重點是，建構兩種團隊其實很好，也是常見的做法。

原則 9. 呼應事業

較大的公司通常有多個事業單位，但產品有一個共同的基礎。如果每個事業單位的技術彼此獨立，建構產品團隊時，可以把每個事業單位當成不同的公司看待。不過，多數公司不是這種情況。多數公司有多個事業部門，但它們都是建構在一個共同的整合基礎上。這就好像按顧客類別來區分部門一樣，但有一個重要的區別，那就是事業部門的架構是人為打造的，不同的事業部門往往對同樣的顧客銷售產品。所以產品團隊的建構配合事業單位雖然有好處，但公司通常以其他的因素為優先考量。

原則 10. 結構是持續改變的目標

你要了解一點，產品部門的最佳結構是一個不斷改變的目標。部門的需求會隨著時間而變，也應該隨著時間而變。你不需要每幾個月就重新組織部門，但是每年檢討團隊結構是很合理的做法。我常跟公司解釋，建構團隊沒有完美的方法。設計產品部門的結構時，你改善某些方面，難免會犧牲其他方面。所以，就像產品和技術部門的多數事情一樣，這涉及權衡與選擇。希望以上的原則可以指引你的組織前進。

深入閱讀｜自主性的擴展

多數頂尖的技術公司早就採用我在本書中描述的授權、專業／持久、跨職能、協作的產品團隊模式，我覺得他們因此變得更好。結果就是最好的證明。但我覺得多數效益歸因於，當團隊覺得能掌控自己的命運時，他們的動力和責任感也會更強烈。不過，雖然多數的領導者聲稱他們有授權的自主團隊，但團隊中還是有人跟我抱怨，他們不是一直有獲得授權或自主的感覺。每次遇到這種狀況時，我會想辦法了解團隊無法決定的具體細節，或是他們覺得哪裡受限。我聽到的多數情況可以區分為以下 2 類：

- 產品團隊尚未獲得管理高層的信任，管理高層不願給團隊太多的自由。

- 領導者認為團隊想改變的東西是根本架構的一部分。

一般而言，多數的團隊會認同，有些事情可以放手讓團隊以自認最恰當的方式執行，有些東西則屬於所有團隊共用的基礎。以後者為例，每個團隊各自選擇軟體配置管理工具（software configuration management，簡稱 SCM）是很罕見的狀況。如果工程團隊在 GitHub 上已經標準化了，那通常是基礎的一部分。即使某個團隊特別喜歡另一種工具，公司同意使用不同工具的總成本可能遠遠超過效益。

這是很非常直接明確的例子，但很多例子的問題就不是那麼清楚明瞭。例如，你應該讓每個團隊以自己的方式做測試自動化

嗎？應該讓團隊自己選擇程
式語言嗎？用戶介面的架構
呢？瀏覽器的相容性呢？離

多數效益歸因於，當團隊更能掌控自己的命運時，他們的動力和責任感也會加強。

線支援之類的昂貴功能呢？應該讓每個團隊自己挑選敏捷開發風
格嗎？每個團隊真的都需要支援幾個涵蓋全公司的產品計畫嗎？

其實這跟產品的其他方面很像，說到底都需要取捨。以這個
例子來說，你必須在團隊自主性和根本架構的共用性之間取捨。
在此坦言，雖然我喜歡自主、授權團隊的核心概念，但我也喜歡
投資共用性很高的根本架構。這表示公司需要打造強大的基礎，
讓所有的團隊都可以利用，以更快的速度打造出卓越的產品和體
驗。另外，我也鄭重聲明，我不相信這個問題有標準答案。對每
家公司、甚至每個團隊來說，最好的答案各不相同，也看公司文
化而定。以下是需要考慮的關鍵因素：

考慮因素 1. 團隊的技術水準

團隊技能大致分成 3 個層次：

- 一流團隊：經驗豐富的團隊，可以放手讓他們做出好決策；
- 二流團隊：這些人立意良善但經驗不足，無法在多數情況
  下做出好決策，可能需要一些協助。
- 三流團隊：資歷青澀的團隊，可能連自己不知道什麼都不曉
  得，在缺乏大量的指導下，他們可能在無意間造成大問題。

考慮因素 2. 速度的重要

　　支持架構共用性的主要理由是為了加快速度。這個主張的邏輯是，團隊應該以同仁開發的基礎架構為基礎，不要從頭開發。不過，有時讓團隊打造可能重複的架構，或是為了給予團隊自主性而讓他們以較慢的速度開發，是管理高層可接受的授權成本。有時事業的可行性有賴這種架構共用性。

考慮因素 3. 整合的重要

　　在一些公司中，產品組合是由一套大致上彼此獨立的相關產品所組成。這些產品的整合及共用性不是那麼重要。但是在另一些公司中，產品組合是由一組高度整合的產品所組成，整合共用性就很重要。說到底，這要看產品團隊是追求每個產品的優化，還是追求整家公司的優化而定。

考慮因素 4. 創新的來源

　　如果未來創新的主要來源必須來自於「基礎」層級，那需要給予團隊更多的自由去檢討核心組件。如果創新的主要來源來自「方案」層級，公司應該鼓勵團隊不必經常檢討架構根本，應該把創意放在應用程式的創新上。

考慮因素 5. 公司規模和地點

　　許多自治問題源自於規模擴展。隨著公司成長，尤其團隊分

散在各地時，共用性變得更重要，也更困難。一些公司試圖以「卓越中心」（center of excellence）的概念來解決這個問題，亦即共用性只套用在同處一地的團隊上。其他公司嘗試比較強大的整體角色，還有其他公司是增添流程。

考慮因素 6. 公司文化

公司也該確認，團隊文化究竟是強調自主性、還是共用性。公司愈是偏重共用性，團隊會愈覺得自主性受到削減。對二、三流的團隊來說，這可能無妨，但對一流團隊可能造成反彈。

考慮因素 7. 技術成熟度

一個常見的問題是太早以共用的基礎進行標準化。這時基礎還沒準備好，無法讓所有的團隊共用。在基礎尚未準備好之前就強行推動共用性，可能會損及真正依賴基礎的團隊。你等於是在打造隨時都可能崩垮、不牢靠的架構。

考慮因素 8. 對事業的重要性

假設基礎架構很扎實，團隊不利用基礎的風險可能更大。對某些領域來說，可能沒關係。但如果產品或計畫對事業很重要，那必就須審慎抉擇了。

考慮因素 9. 問責度高低

另一個因素是跟授權及自主性有關的問責度。如果不講究問責，又欠缺一流的團隊，團隊沒有理由煩惱自主性和共用性之間的取捨，但你會希望團隊重視那些取捨。如果我相信這個團隊很強，他們也完全了解後果和風險，但他們仍然覺得必要更換基礎架構的某個關鍵部分，我通常會支持這個團隊。

　　由此可見，在自主性和基礎共用性之間權衡時，需要考慮的因素很多。但我認為，你公開討論這些議題時，多數團隊都很明理。有時候，只要針對一些牽連的影響提出幾個重要的問題，就能幫團隊做更好的取捨。如果你發現團隊總在這方面做出糟糕的決策，你可能需要思考團隊裡的人是否經驗不足。但問題癥結更有可能是，團隊忽略了完整的事業情境。關鍵情境包含 2 部分：

- 整體的產品願景。
- 指派給每個團隊的具體商業目標。

　　後面幾章討論這 2 個關鍵議題。領導者無法明確告知時，就會出問題，導致團隊無所適從，不知道他們究竟能決定什麼，以及不能決定什麼。注意，雖然產品願景和團隊的商業目標是由領導者告知團隊，但隻字未提怎麼解決領導者指派給團隊的問題，這就是團隊享有自主性和彈性的地方。

第21章

產品經理側寫：Adobe 的希克曼

　　新創公司或小公司往往只需要 1 個強大的產品團隊和 1 位產品導向的執行長或產品經理，但規模較大的公司通常需要更多條件，需要強大的**產品領導力**，更精準地說，包含引人注目的產品願景和策略。

　　我們這行最難的任務之一，是在獲利良好的大公司裡推動巨幅改變。就很多方面來說，如果公司陷入嚴重的困境，感到極度痛苦，你要推動變革反而比較容易，因為痛苦會讓人想要改變以求解脫。當然，卓越的企業會想在別人顛覆它以前，先徹底改變自己。Amazon、Netflix、Google、Facebook 等卓越公司和許多緩慢消亡業者的差別就在這裡：產品領導力。

　　2011 年，希克曼（Lea Hickman）領導 Adobe Creative Suite 的開發。他在 Adobe 任職多年，以桌面型 Creative Suite 幫公司打造了一個龐大又成功的事業，光是每年授權收入就多達 20 億美元。但希克曼知道市場正在變化，公司需要從原本每年升級的桌面模式改成訂閱模式，並支援設計師使用的各種裝置，包括平板電腦及各類型的行動裝置。

　　更廣泛地說，希克曼知道原有的升級模式導致公司把產品帶向對顧客不利、長期也對 Adobe 不利的發展方向。但是如此大規模的改變

公司最難的任務之一，是在獲利良好的情況下推動巨幅改變。

極其困難，畢竟 Creative Suite 帶來的營收約占 Adobe 全年總營收 40 億美元的一半。

由於公司裡每個利害關係人都會努力捍衛那麼龐大的營收，如此巨大的轉變可說是把公司一舉推到舒適區之外。公司幾乎每個部門都會受到影響，舉凡財務、法律、行銷、業務、技術等等。你可以從典型的擔憂看起：

財務人員非常擔心從授權模式改成訂閱模式的營收影響。工程團隊擔心從為期 2 年的發行時程表模型（release train model）變成持續開發與部署，而且還要確保品質。他們也擔心必須為服務的穩定供應負起更高的責任。業務部門預期這種轉變會改變 Creative Suite 的銷售方式。Adobe 將不再是透過大型經銷商銷售，而是與顧客建立直接的關係。雖然 Adobe 內部有很多人期待這種改變，但業務部門知道這個改變很危險，因為萬一結果不如預期，通路關係可能也會搞壞。對顧客和業務人員來說，從擁有軟體變成租用軟體的使用權，這種情感變化不容小覷。

當時 Creative Suite 有上百萬名顧客，希克曼知道新技術的接受度有一條技術採用曲線，部分客群會強烈抗拒這麼大的改變。希克曼了解，關鍵不只在於新的 Creative Suite 更好，而是很多重要的面向都不一樣，有些人需要更多的時間才能融會貫通這種改變。此外，Creative Suite 顧名思義，是一套整合應用程式，包含 15 個主要應用程式和許多較小的實用程式。這表示不是只有一個產品需要轉變，而是整組套件都要轉變，大幅提高了風險和複雜度。難怪很少公司願意做如此大規模的產品轉型。

希克曼知道他和團隊面臨艱鉅的挑戰，也知道，為了讓所有相關程式可以同步轉移，必須要清楚陳述一個引人注目的願景，讓大家知道全新的整體產品比個別程式的組合更好。希克曼與 Adobe 當時的執行長凱文‧林區（Kevin Lynch）合作，拼組出幾個很有說服力的原型，展現這種新基礎架構的威力，藉此團結所有的高管和產品團隊。接著，希克曼展開馬拉松式的宣傳活動，不斷地跟公司內部的所有領導者和利害關係人溝通。對希克曼來說，**絕對沒有過度溝通的問題，只有溝通不夠的問題**。持續推陳出新的原型讓大家持續對未來的新局感到興奮。

由於 Creative Cloud 極其成功（本文撰寫之際，2017 年 Adobe 的經常性收入高達 10 億美元以上，營收成長速度比其他業者還快），Adobe 後來停止發布新版的桌面型 Creative Suite，專注於新基礎的創新。如今，逾 900 萬名創意專業人士訂閱及依賴 Creative Cloud。多虧這次轉型，現在 Adobe 的市值是轉型前的 3 倍以上，目前市值約 600 億美元。

這案例可以輕易了解，為什麼大公司明明需要做這樣的改變才能存活下來並蓬勃發展，卻因為擔心鉅額營收受到衝擊而猶豫不決。希克曼以清楚、有說服力的願景和策略，持續和許多利害關係人溝通，直接去因應那些顧慮，正面迎擊。這是我知道產品領導者在大企業裡推動重要巨變的例子中，最令人佩服、而且近乎不可思議的例子之一。我認為，要不是有希克曼這樣孜孜不倦推動變革的人才，Adobe 不會有今天這樣的規模。如今希克曼已離開 Adobe，加入我創辦的矽谷產品團隊公司（Silicon Valley Product Group），協助其他的公司轉型，採用現代的產品實務。

第3篇

適合的產品

在第二篇中，討論人才部分卓越產品團隊的結構和角色。第三篇中，主要探討如何判斷產品團隊該做什麼。

產品路徑圖

概述

有了優秀的產品團隊後，我們需要回答這個根本的問題：產品團隊該做什麼？對多數的公司來說（尤其是第 6 章「產品失敗的根本原因」描述的公司），那不是團隊要擔心的問題，因為公司通常會給他們一份產品路徑圖，要求他們做那些事情。

本書強調的一大主題是**鎖定結果，而不是產出**。典型的**產品路徑圖都談產出**。然而，**優秀的團隊需要交付的是商業結果**。多數的產品界對產品路徑圖有相同的定義，但還是有一些變化。我把產品路徑圖定義成：公司要求團隊開發的**功能特色與專案的優先順序清單**。這些產品路徑圖通常是每季更新，有些公司是從每個時點展望 3 個月，有些則是做年度規畫。

重點章節：
第 22 章 產品路徑圖的問題
第 23 章 路徑圖的替代方案

在某些情況下，產品路徑圖來自管理高層（通常稱為「**利害關係人導向的路徑圖**」），有時

出自產品經理。這種圖通常不含小問題及系統優化之類的小事，而是包含需要的功能特色、專案，以及數個團隊合作的大案子，亦即所謂的「**計畫**」（initiatives）。這些事情通常會有交期或至少給個時間範圍，指出每個項目預期的交付時點。

管理高層知道許多部門需要產品部門提供相關概念，但產品部門通常人手不足，無法提供大家需需要的東西。所以，管理高層可能會出面，針對有限的資源進行協調。這種情況下，特別常看到「**利害關係人導向的路徑圖**」（stakeholder-driven roadmap）。管理高層有正當的理由要求產品路徑圖：

- 他們想要產品團隊投入最有價值的事情。
- 管理高層是經營事業，需要進行規畫。他們要知道關鍵功能何時可以推出，以便協調行銷計畫、業務人員的招募、以及與合作夥伴的依賴關係等等。

這些都是合理的要求。然而，產品組織中多數的浪費及開發失敗都是典型的產品路徑圖造成的。我們接下來就探討產品路徑圖為什麼造成這種問題，然後再思考其他的選項。

第22章

產品路徑圖的問題

產品路徑圖即使立意良善，通常會導致很糟糕的事業結果。我把箇中原因稱為「產品的 2 個麻煩真相」。

第一個真相是，至少有一半的創意想法行不通。創意想法行不通的原因有很多，有時顧客就是對那個概念沒興趣，所以不想用或不想買（**缺乏價值**）。這是最常見的情況。有時顧客可能想用那產品、也試用了，但覺得實在太複雜，不值得費神，於是衍生出一樣的結果：用戶不用（**缺乏易用性**）。有些情況是，顧客可能很喜歡產品，但公司隨後發現打造產品需要投入的成本比原先想的還多，於是決定不花時間和財力開發產品（**缺乏實行性**）。有時問題出在我們面臨嚴重的法律、財務或事業限制，阻礙產品的上市（**缺乏商業可行性**）。

如果那還不夠糟，再繼續看第二個麻煩真相：即使某個創意想法證實有價值、簡單好用、公司可以開發出來、商業上也可行，那通常仍需要經過**多次反覆循環**，才能把概念的實踐提升到一個境界，讓產品足以提供管理高層期望的商業價值，我們稱為**及時變現**（time to money）。根據我的經驗，你不可能逃避這些麻煩的真相。我有幸與許多優秀的產品團隊合作。他們能成功，關鍵在於因應這些真相的方

式不同。

弱勢的產品團隊只能照著公司交辦的路徑圖來開發產品，如此日復一日，年復一年。遇到行不通的狀況時（這種事經常遇到），他們先把責任歸咎給當初要求那些功能特色的利害關係人，接著再想辦法重訂路徑圖，或者建議重新設計或提出一套不同的功能特色，希望這次能解決問題。如果有足夠的時間和金錢，只要管理高層不先失去耐心（這是很大的假設前提），他們終究會實現目標。

相反的，強大的產品團隊了解上述的麻煩真相，並積極面對真相，而不是否認真相。他們很擅長迅速處理風險（無論那個創意概念來自哪裡），也能夠迅速反覆開發出有效的解決方案。這就是「產品探索」流程在做的事情，也是為什麼我覺得「產品探索」是產品部門的最重要核心能力。如果我們能夠打造原型，花幾個小時或幾天（而不是幾週或幾個月）找用戶、顧客、工程師、事業上的利害關係人來測試創意概念，那就會改變動態，最重要的是，也改變結果。

值得一提的是，問題不是出在路徑圖的概念清單。如果清單上只是一些概念，那不會有什麼傷害。問題在於每次你在「路徑圖」上列出概念清單時，無論檔案寫上再多的免責聲明，整個公司的人都會把那份概念清單視為一種承諾。這就是問題的癥結所在，因為這樣一來，即使那個概念無法解決根本的問題，你還是必須打造及交付出來。別誤會我的意思。有時我們確實需要做出承諾在某個日期交付產品。我們會儘量減少那種情況，但這種事情難免會有，真正應該做的是「高誠信的承諾」（high-integrity commitment）。稍後會詳細說明，這裡

的主要重點是，我們需要解決根本問題，而不只是交付一個功能特色而已。

第23章

產品路徑圖的替代方案

本章說明產品路徑圖的替代方案,這是很大的主題,涉及產品路徑圖以外的議題,例如產品文化、士氣、授權、自主和創新。但我希望先以這章奠定基礎,並在接下來的章節中詳述細節。不過,探討替代方案前,先說明路徑圖的 2 個需求,這需求存在已久、未來也不會消失:

- 管理高層希望確定產品團隊優先開發商業價值最高的東西。

- 管理高層是在經營事業,有些情況下需要給出日期承諾,路徑圖是他們追蹤這些承諾進度的地方(即使多數公司已經不太相信那些日期了)。

所以,路徑圖的替代方案若要讓多數的公司接納,至少必須顧及上述 2 個需求。

本書是以「獲得授權的產品團隊」(empowered product team)為基礎。在這種模式中,團隊本身有能力為公司指派給他們解決的商業問題想出最好的解決方案。為此,團隊裡光有卓越的人才搭配現代化工具和技術是不夠的。產品團隊還要有必要的**商業情境**(business context),需要扎實了解公司走向,也需要知道團隊該如何為大局目

標做出貢獻。對科技公司來說，商業情境是由 2 個重要的組件提供：

- **產品願景和策略**：這是描述整個組織想達成的大局以及達成那個願景的計畫。每個產品團隊可能有各自的關注領域（例如，買方團隊和賣方團隊），但應該一起合作以實現產品願景。

- **商業目標**：描述每個產品團隊視為優先要務的具體商業目標。

商業目標的背後概念很簡單：告訴產品團隊，你需要他們完成什麼以及如何衡量結果，讓團隊自己去找解決問題的最好辦法。以下是商業目標及可衡量關鍵結果的例子。假設你的產品目前需要 30 天才能說服潛在顧客使用，但是為了有效擴展事業規模，管理高層認為應該把招攬顧客的時間縮短到 3 小時以下。那就是商業目標的，可能是為一個或多個產品團隊設定的：「大幅縮減招攬新顧客的時間。」可衡量的關鍵結果之一是「招攬新顧客的平均時間在 3 小時以下」。

在後續的章節中，我會深入說明產品願景和策略以及商業目標。我現在想強調的是，每個團隊都必須知道他們的工作對整體事業的貢獻，以及公司現在需要他們專注做什麼。

之前說過，需要老式路徑圖的第一個原因，是公司希望團隊先做商業價值最高的東西。在我說明的模式中，管理者的責任是提供每個產品團隊需要達成的具體商業目標。二者差別在於，商業目標模式**以商業結果為優先**，而不是以產品概念為優先。然而，我們有時需要說服管理高層把焦點放在商業結果上，這確實很諷刺。

第二個原因是有時候需要承諾一個確切的交付日期。我們以「高誠信的承諾」來因應這種需要承諾日期或具體交付物的情況。這種運

作方式有 3 個好處：

- 當團隊可以用自認為最適合的方式來解決問題時，他們的動力更強。這是前面提過的傳教士 vs. 僱傭兵的心態。而且，這種團隊的設立本來就是為了以最有利的方式解決問題。
- 團隊不是交出要求的功能或專案就能卸下擔子了，功能必須**解決商業問題**才行（以關鍵結果來衡量）。若是沒解決問題，團隊需要嘗試不同的解決方法。
- 無論解決方案的概念是誰提出，無論那個人有多聰明，最初的方法通常行不通。這個模型不會假裝概念行得通，而是正面接納這種可能性。

重點放在結果上，而不是產出。有些產品團隊已經修改產品路徑圖，把上面的每個項目寫成「**該解決的商業問題**」，而不是也許可以解決或不能解決問題的功能或專案。這種圖稱為**結果導向的路徑圖**（outcome-based roadmap）。

一般來說，我看到這種圖時都非常高興，因為知道產品團隊正努力解決商業問題，而不是忙著打造功能。基本上，結果導向的路徑圖相當於使用商業目標導向的系統（例如 OKR 系統），只是格式不一樣，但內容很像。使用結果導向路徑圖時，大家會在每個項目加上截止期限，而不只針對有真正期限的項目設定期限。這種做法可能對團隊產生文化和動機方面的影響。

深入閱讀｜高誠信的承諾

在多數的敏捷團隊中，你提到「承諾」這個詞時（例如知道你要發布什麼及發布時間），會看到大家出現侷促不安、否認之類的反應。

產品團隊和管理高層之間常上演這種抗爭。管理高層和利害關係人經營事業，他們的人力招募計畫、行銷計畫開銷、合作和合約都有賴具體的交付日期和可交付成果。然而，產品團隊不願承諾交期和可交付成果也是可以理解的。當產品團隊還不明白他們需要交付什麼，不確定交付出去的東西是否可行，不知道需要花費多少成本（因為還不知道方案）時，他們不願做出承諾。

產品團隊之所以有這種抗拒承諾的心態，主要是以前吃盡了苦頭才記取的教訓：許多概念行不通；那些行得通的產品通常需要經過數次反覆修改才能成功。客製軟體的情境中，你只能反覆修改，直到用戶滿意為止（或乾脆放棄）。在產品公司裡，這樣做是行不通的。

別誤會我的意思，你剛才聽到我提出傳統路徑圖有危險性的看法。卓越的產品公司會儘量減少這些承諾。但是，為了公司的有效經營，總有些真正必要的承諾。那該怎麼做呢？

關鍵是了解那些與承諾有關的痛苦，都是源自於承諾的時間。那些承諾是在還不知道能否履行義務之前做的，更重要的是，那時我們也不知道交付的產品能否解決顧客的問題。在持續探索

和交付的模式中,「探索」流程主要是在團隊投入時間和金錢打造優質產品之前,先回答的各種問題。所以,

管理承諾的方式需要做點取捨和妥協。

　　我們可以要求管理高層和其他的利害關係人給點時間先做產品探索,先探索必要的解決方案。我們需要時間找顧客來驗證解決方案,以確保價值和易用性;需要找工程師來驗證方案的實行性;需要找利害關係人來驗證商業可行性。一旦產品團隊提出一個適合事業的方案,這時就可以針對交付時間及預期的商業結果做出合理、高誠信的承諾。

　　注意,交付經理是決定承諾日期的關鍵。即使工程師認為某個東西只需要開發 2 週就能交付,但是萬一團隊手中還有其他任務必須先完成,要再等一個月才能開始執行呢?交付經理需要負責追蹤這些承諾和相依性。所以,妥協的方法很簡單,產品團隊要求在承諾前先有一段時間做產品探索。等產品探索結束後,產品團隊很樂意針對交付日期及可交付成果做出承諾,讓其他部門的同事更好辦事。

　　卓越的公司會盡量減少這類承諾,但無法完全避免。讓產品團隊放心做出高誠信的承諾很重要。而且產品團隊必須讓公司知道,雖然我們不常做這類承諾,但一旦做了承諾,就會履行承諾。

產品願景

概述

在這部分，會談到令人注目及振奮的
產品願景有多重要，以及產品策略如何實
現產品願景。

第24章

產品願景和產品策略

產品願景

產品願景描述努力創造的未來，通常是指 2 到 5 年後的未來。對製造硬體或設備的公司來說，通常是指 5 到 10 年後的未來。請注意，這和公司的使命宣言不同。使命宣言的例子包括「彙整全球資訊」、「使全世界更開放及相連」、「讓每個人隨時隨地都能購買任何東西」等等。使命宣言雖然有用，但沒有說明我們打算怎麼實現那個目標，而那正是產品願景的用途。

另外，也請注意，產品願景絕對不是規格，這主要是份有說服力的敘述，可能是以**分鏡腳本**的形式、白皮書之類的敘事、或名叫「願景型」（visiontype）的特殊原型呈現。主要目的是為了傳播願景，以及激勵團隊（和利害關係人、投資者、合作夥伴，很多情況下也包括潛在顧客）幫忙實現這個願景。

產品願景設計得當時，可以做為最有效的人才招募工具之一，可以激勵團隊成員每天來上班。卓越的技術人員會受到鼓舞人心的願景所吸引，因為他們想參與有意義的事情。

你可以對願景做些測試，但那和產品探索流程中的概念測試是不同的。事實上，相信某個願景往往是一種豁出去的信念。你可能不知道怎麼實現願景，甚至不知道能否實現願景。但切記，你有幾年的時間可以探索方案。在這個階段，你應該相信這是個值得追求的目標。

產品願景的目的是要傳播願景，以及激勵團隊實現願景。

產品策略

我從產品開發記取的一切教訓中，最根本的一點是：想要同時取悅所有人，往往誰也取悅不了。所以，我們不該為了打造一個產品來實現願景，而大量投入多年心血。**產品策略是為了逐步實現產品願景，而打算推出的產品或版本序列**。這裡指的「產品或版本」很籠統，可能是相同產品的不同版本，或是一系列不同或相關產品，或是一系列有意義的里程碑。對多數類型的事業來說，我鼓勵產品團隊以一系列「產品與市場適配」的概念為基礎來建構產品策略，這有很多變化（你也可以說這是「產品策略」的策略），如下舉例：

對消費導向的公司來說，每個「產品與市場適配」的概念通常針對不同顧客或用戶角色。例如，某種教育服務的策略可能先鎖定高中生，其次是大學生，最後鎖定想學新技能的社會人士。有時產品策略是以地理位置為基礎，依序進軍不同地區的市場。有時產品策略是為了以某種邏輯和重要順序，實現一系列重要的里程碑。例如，「先把重要的評級與評論功能交給打造電子商務應用程式的開發人員；接著，運用這個功能產生的資料來打造消費者的產品觀感資料庫；最後，利用這些資料做進階的產品推薦。」

沒有一種產品策略適合每個人。你永遠不知道以不同順序開發產品，結果會如何。我告訴團隊，「產品與市場適配」最大的

沒有一種產品策略適合每個人。你也不會知道以不同順序來開發產品，結果會如何。因此，採用一次鎖定一個目標市場的策略是最佳方式。

好處是，產品開發一次只鎖定一個目標市場。例如，所有團隊都知道現在鎖定製造業市場，那是大家該關注的客戶類型，目標是提出最小的可交付產品成功幫助製造業客戶。至於其他類型的顧客或市場的相關概念，則留待未來再考慮。

產品策略除了大幅提升開發成功產品的機率外，也讓產品開發呼應業務及行銷部門的工具。產品團隊希望業務部在已證實到達「產品與市場適配」的市場中推銷產品。一旦證明一個新市場達到「產品與市場適配」（通常是先開發一組參考客戶），接著希望業務人員能夠到市場中找到更多客戶。

我們回頭談談為產品團隊提供商業情境的概念。團隊必須深入了解更廣泛的情境，才能在足夠授權下自主行動。這得從規畫出一個引人注目、又清楚的**產品願景**開始做起，實現那個願景的途徑是**產品策略**。你的產品團隊愈多，愈要讓每個團隊都有統一的願景和策略，才能做出好選擇。

這裡必須釐清：這不是指每個產品團隊都有自己的產品願景，這樣就誤解重點了。我的意思是，組織要有一個產品願景，那個組織裡的所有產品團隊都為了實現那個願景而做出貢獻。當然，在非常大的組織裡，雖然使命宣言可以套用在全公司上，但很可能每個事業單位都有自己的產品願景和策略。願景和策略的差異，就像卓越領導和卓越管理的差異。**領導是負責啟發與指引方向，管理則是幫我們達到**

願景和策略的差異，就像卓越領導和卓越管理的差異。領導負責啟發與指引方向，管理則幫團隊達到目的。

目的。最重要的是，**產品願景應該要有啟發性，產品策略則應該聚焦。**

深入閱讀 | 市場優先順序

　　說到市場優先順序，我上面只說需要排列市場的優先順序，一次只關注一個市場，但我沒有提到如何排列優先順序。優先順序不是只有一種正確的排法，有 3 個影響決定的關鍵因素：

- 第一種是市場規模，通常稱為「**潛在市場範圍**」（total addressable market，簡稱 TAM）。其他條件都相同下，對大市場的喜愛程度多於小市場。當然，現實的狀況是，其他條件不可能一樣。如果最大的市場開發產品需要 2 年，幾個規模較小但依然重要的市場可以更快推出、上市產品，很可能公司所有人（從執行長和業務總監到下面的人）都希望你先鎖定較小的市場。

- 第二個因素與配銷有關，通常稱為「**進入市場**」（go to market，簡稱 GTM）。不同市場可能需要不同的銷售通路及上市策略。即使某個市場比較大，如果那個市場需要新的銷售通路，我們可能會優先考慮可以運用現有銷售通路的較小市場。

- 第三個因素是粗略估計的「**及時上市**」（time to market，簡稱 TTM）有多長。

這是排列市場優先順序時的 3 個主要因素，但其他因素可能也很重要。我通常會建議產品長、技術長、行銷長坐下來一起規畫產品策略，以權衡不同的因素。

第25章

產品願景的原則

規畫有效的產品願景時，應注意以下 10 條關鍵原則：

1. **先問「為什麼」**。賽門・西奈克（Simon Sinek）寫過一本好書談產品願景的價值，正好也是這個書名《先問，為什麼？》（*Start With Why*）。這裡的核心概念是使用產品願景來闡述你的目的，其他一切都會從中衍生出來。

2. **愛上問題，而不是愛上解決方案**。希望你聽過這項主張，因為很多人、以不同方式、多次重申這句話。但非常真實，也是很多產品經理難以克服的難關。

3. **不要擔心願景過於宏大**。我常看到產品願景訂得不夠宏大，只要半年或一年就能完成。那種願景不足以激勵任何人。

4. **別擔心顛覆自我，因為你自己不下手，別人也會下手**。很多公司把心力放在保護既有的產品上，而不是持續為顧客開發新價值。

5. **產品願景需要激勵人心**。切記，我們需要的是傳教士團隊，而不是僱傭兵團隊。在組織中激發類似傳教士的熱情，主要靠產品願景。你應該打造讓自己很振奮的產品。如果你把心思放在

如何協助用戶和顧客上，
就能訂出意義更重大的產
品願景。

愛上問題，而不是愛上解決方案。

6. **判斷及接受相關、又有意義的趨勢**。很多公司忽視重要的趨
勢太久了。找出重要趨勢並不難，難的是要讓公司了解如何把
握趨勢，並以更好的新方法來運用產品，幫顧客解決問題。

7. **溜到曲棍冰球前進方向，而不是待在冰球原本所在位置**。產
品願景的一大重點是找出正在改變的東西，以及可能還不會改
變的東西。有些產品願景對於趨勢變化速度過於樂觀又不切實
際，有些則過於保守，這通常是好的產品願景最難拿捏的地
方。

8. **堅守願景，但靈活看待細節**。這句話非常重要，一語出
Amazon 的創辦人傑夫·貝佐斯（Jeff Bezos）的思維。許多團隊
太早放棄產品願景，一般稱為**願景轉型**（vision pivot），但那
通常是產品部門太弱的徵兆。實現願景從來不是件容易的事，
所以要做好準備。但也要注意，不要對細節太過執著。你很可
能需要調整方向才能抵達想要的目的地——**探索轉型**（discovery
pivot），那樣做並沒有錯。

9. **知道任何產品願景都是一種豁出去的信念**。能確實驗證的願
景可能不夠宏大，願景能否實現，需要幾年的時間才會知道。
所以，應該確保開發的東西具有意義，招募對這個問題也充滿
熱情、願意努力幾年去實現願景的人才。

10. **不斷地宣傳願景**。願景的解說和推廣，絕對沒有過度溝通這
回事。尤其在大型組織中，不斷宣傳願景幾乎是無可避免的。

堅守願景，但靈活看待細節。

你會發現公司內部不同單位的人，偶爾會對他們看到或聽到的事情感到緊張或害怕。你應該在他們的恐懼感染其他人之前，儘快安撫他們。

第26章

產品策略的原則

前面討論過，產品策略有很多方法，但好策略有 5 個共同原則：

1. **一次只鎖定一個目標市場或一種客群**。不要想以一種版本取悅所有的人，每一版都專注鎖定新的目標市場，或一個新客群。你會發現這個產品依然對其他人有用，至少有一些熱愛這項產品的基本盤，這是關鍵。

2. **產品策略需要呼應商業策略**。願景是為了激勵組織，但組織存在的終極目的是為了推出大家熱愛的產品，以實現商業策略。例如，如果商業策略涉及獲利策略或商業模式的改變，產品策略也要呼應改變。

3. **產品策略也需要呼應銷售策略和上市策略**。同樣的，如果我們有一個新的銷售通路及行銷通路，我們需要確保產品策略也配合那個新通路。新的銷售通路或上市策略可能對產品產生深遠的影響。

4. **關注顧客，而不是關注競爭對手**。太多公司遇到勁敵，就完全忘了產品策略。他們驚慌失措，接著只能追逐對手的行動做出反應，不再關注顧客。我們不能忽視市場，但切記，顧客很

少因為競爭對手而離開我們，顧客之所以離開，是因為我們不再顧及他們。

関注顧客，而不是關注競爭對手。

顧及他們。

5. **把策略傳遍組織**。這是傳播願景的一部分。公司的每位重要合作夥伴都應該知道目前鎖定的客群，以及接下來的規畫。產品團隊需要與業務、行銷、財務、服務部門維持密切的同步運作。

第 27 章

產品原則

我總喜歡以一套產品原則來補充產品願景和產品策略。產品願景是描述你想創造的未來，產品策略是描述你實現那個願景的方法，**產品原則是講述你想打造的產品本質**。產品原則不是功能特色清單，不限於任一版本的產品，而是整個產品線都以那套原則來呼應產品願景。一套好的原則可能會激發一些產品功能，但更重要的是，公司和產品團隊認為什麼是重要的。

例如，我在 eBay 任職時，我們很早就發現需要為買家和賣家之間的關係規畫一套產品原則。由於 eBay 的多數營收是來自賣家，我們有強烈的動機去取悅賣家，但很快也意識到，賣家之所以喜歡我們，是因為我們為他們提供了買家。這番領悟促使我們訂出以下的關鍵原則：「萬一遇到買賣雙方的需求有衝突時，我們會以買家的需求為優先考量，因為那才是我們能為賣家做的重要大事。」

這就是制訂原則的目的，你可以想見這種原則對於設計及打造市集有什麼幫助，而且只要謹記這些原則，就能解決很多議題。至於你要不要公開原則，則取決於你的目的。很多情況下，這些原則只是產品團隊的工具。但有些情況下，這些原則可以清楚向用戶、

產品願景是描述想創造的未來，產品策略是描述實現願景的方法，產品原則是講述想打造的產品本質。

顧客、合作夥伴、供應商、投資者、員工等等表達你的信念。

產品目標

概述

我很幸運，在惠普的全盛時期進入公司，以工程師的身分展開職涯。當時大家普遍認為惠普是業界持續創新及執行的例子中最成功、最持久的典範。當時，我加入惠普內部的工程管理培訓專案「惠普之道」（HP Way），學到一套商業目標導向的系統，名為「**目標管理**」（management by objectives，簡稱 MBO）惠普的共同創辦人大衛·普克德（Dave Packard）宣稱：「惠普如今的成就，找不到比 MBO 貢獻更多的工具了，MBO 可說是控制管理的相反模式。」

多年來，幾家公司持續精進及改善 MBO 系統，其中最著名的是英特爾的傳奇人物安迪·葛洛夫（Andy Grove）。如

重點章節：
第 28 章　OKR 技術
第 29 章　使用 OKR 制訂產品
　　　　　團隊目標

今，我們使用的商業目標管理系統主要是 **OKR 系統**，亦即「目標與關鍵成果法」（objectives and key results，簡稱 OKR）。約翰·杜爾（John Doerr）把這個技巧從英特爾帶到剛成立不久的 Google。在普克德把惠普的成就歸功於 MBO 幾十年後，賴瑞·佩吉（Larry Page）也針對 OKR 流程對 Google 的貢獻說出了幾乎一樣的評語。OKR 概念很簡單，基於 2 個基本原則：

- 第一個原則可用巴頓將軍的名言一言蔽之：「不要告訴別人怎麼做事，告訴他們該做什麼就好，他們自然會發揮聰明才智，讓你為之驚喜。」

- 第二個原則可以用惠普以前的標語道盡：「績效由成果來衡量。」意思是，你推出的功能如果無法解決根本的商業問題，等於沒有解決什麼。

第一個原則，基本上談如何授權及激勵團隊盡全力做好工作。第二個原則，是如何有意義衡量進步。多年來，這行改變很多，但這兩個根本的管理原則依然是頂尖科技公司和團隊固守的基礎。雖然有多種可行的系統和工具可以管理這些商業目標，在本書中，我把焦點放在 OKR 系統的技巧上。多數頂尖的科技公司使用這套系統多年，已成氣候，目前開始在全球普及。團隊目標的概念可能聽起來直截了當，但在每個產品團隊及組織中有多種制訂目標的方法。組織可能需要經過幾季的執行才會得心應手，找到最適狀態。

第28章

OKR 技術

OKR 技術是管理、專注、調校的工具。就像任何工具一樣，OKR 有很多種用法。把這個工具套用在產品團隊時，需注意以下 12 點：

1. 目標應該是質化的；關鍵成果需要是量化／可衡量的。

2. 關鍵成果應該是衡量**商業結果**，而不是衡量產出或任務。

3. 公司的其他部門使用 OKR 的方式略有不同，但是產品管理、設計、技術部門應該鎖定部門的目標，以及每個**產品團隊**的目標（產品團隊的目標是為了達成部門目標）。別讓個人目標或職能團隊的目標淡化或混淆了焦點。

4. 為部門找一個合適的節奏（一般而言，部門目標是以每年為基礎，團隊目標是以每季為基礎）。

5. 部門和每個團隊的目標和關鍵成果數量不能太多（1 到 3 個目標最好，每個目標通常有 1 到 3 個關鍵成果）。

6. 每個產品團隊必須**持續比較進度和目標**（通常是每週比較）。

7. 目標不必涵蓋團隊做的每件小事，但必須涵蓋團隊**需要完成**的事情。

關鍵成果應該是衡量商業結果，而不是衡量產出或任務。

8. 要想辦法讓團隊為目標的達成負責。如果他們失敗了，最好找一些同仁或管理者做事後檢討。

9. 整個部門要認同衡量或評價關鍵成果的方式。這有幾種不同的做法，主要視公司文化而定。重點是整個部門的方法要統一，這樣團隊才知道他們何時可以依賴彼此。以 0 到 1.0 的級數來說，級數 0 是毫無進步。級數 0.3 只達到基本，亦即你知道自己能達到的程度。級數 0.7 是指你不只達到基本，還達到你期許自己達到的程度。級數 1.0 是你達到真正出色的程度，你自己和他人都很驚喜，超乎眾人的期許。

10. 建立清楚、一致的方法來顯示何時關鍵成果是**高誠信的承諾**（前面提過），而不是一般目標。換句話說，對多數關鍵成果來說，你應該盡力達到級數 0.7 的目標。但是高誠信的承諾比較特別，它是二元的，承諾只有履行或沒履行這兩種狀況。

11. 每個產品團隊努力的目標以及當前的進度都要非常透明化（整個產品部門和技術部門都是如此）。

12. 管理高層（執行長和高階管理團隊）要為部門的目標和關鍵成果負責。產品長和技術長要為產品團隊的目標負責（並確保團隊實現部門的目標）。每個產品團隊要為上司指派給他們的責任目標，提交出關鍵成果。每季確定每個團隊和部門的 OKR 時，都會出現一些折衷取捨的流程，那很正常。

第29章

使用 OKR 制訂產品團隊目標

OKR 技術的成效很好，尤其是在大大小小的科技產品公司裡。團隊和組織努力提升執行力的過程中，會得到一些非常重要的經驗和啟示。

OKR 是一種通用性很高的工具，組織裡的任何人、任何角色、甚至個人生活中都可以使用。然而，就像任何工具一樣，把它套用在某些地方的效果會優於其他的應用方式。在本書中，我強調產品團隊的重要。前面提過，產品團隊由跨職能的專業人員所組成的，裡面通常包括 1 位產品經理、1 位產品設計師和幾位工程師。此外，團隊中有時也包括有專業技能的其他人才，例如資料分析師、用戶研究員、測試自動化工程師。

前面也提過，每個產品團隊通常負責公司產品或科技的某個重要部分。例如，一個產品團隊可能負責司機使用的行動 app，另一個團隊負責乘客使用的行動 app，還有一個團隊負責安全支付功能等等。重點是，這些擁有不同技能的人，通常來自公司的不同職能部門，但他們每天跟所屬的跨職能團隊坐在一起工作，解決艱難的事業及技術問題。

如果產品部門也採用 OKR，可以依照產品團隊的層級套用。

大型組織通常有 20 到 50 個跨職能的產品團隊，每個團隊負責不同的領域，每個產品團隊各有自己的目標。公司使用 OKR 系統時，管理者要求這些團隊解決的問題，是透過產品團隊的 OKR 來溝通及追蹤。OKR 也可以幫忙確保每個團隊與公司的目標維持一致。

此外，隨著組織規模的擴展，OKR 日益成為確保每個產品團隊了解他們該為大局貢獻什麼、協調團隊之間的工作、避免重工的必要工具。了解這點很重要，因為組織開始使用 OKR 時，通常會想讓每個職能部門自己設立 OKR。例如，設計部可能有個目標是轉換「**響應式設計**」（responsive design）；工程部的目標可能是改善架構的擴展性及績效；品管部的目標可能是測試和發布自動化。

問題是，每個職能部門的成員又隸屬於某個跨職能的產品團隊，有產品團隊相關的業務目標（例如降低招攬顧客的成本，增加每日的活躍用戶數，或縮減吸引新顧客的時間），因此團隊中的每個成員可能承擔著部門與團隊上司交代的幾個目標。

試想，工程部要求工程師花時間重新設計平台，設計部要求設計師改用響應式設計，品管部要求品管人員改進工具。這些任務雖然都是有價值的活動，但這些事情不見得可以幫跨職能的產品團隊解決商業問題。這樣的矛盾，往往導致產品團隊的成員，不知道該把時間花在哪裡，因此讓領導者及個別貢獻者感到困惑、無所適從、失望。但這種問題其實很容易避免，那就是讓產品部門也採用 OKR，關鍵是把 OKR 套用在產品團隊的層級中。這表示不要讓職能團隊或個人的 OKR 混淆議題。

把個人焦點放在產品團隊的目標上。如果不同的職能部門（例如設計部、工程部、品管部）有更大的目標（例如響應式設計、技術債、測試自動化），應該跟其他的商業目標一起放在領導團隊的層級去討論及排列優先順序，之後再併入相關的產品團隊目標中。

注意，對職能部門的經理來說，抱持跟部門有關的個人目標不是問題，因為他們通常不屬於任何產品團隊不會有目標衝突。例如，用戶體驗設計部門的經理可能要負責執行「改用響應式設計」的策略；工程部門的負責人可能要負責執行「管理技術債」的策略；產品管理部門的負責人可能要負責實現產品願景；品管部門的負責人可能要負責挑選測試自動化的工具。

此外，如果個別貢獻者（例如某位工程師、設計師或產品經理）有少數幾個跟個人成長有關的目標（例如累積某方面的技術知識），通常也不是什麼大問題。這是假設個人不至於為了實現個人目標而妨礙了他在產品團隊中的貢獻，畢竟那才是他們的主要職責。重點在於，產品部門內的 OKR 是層層推移的，需要從跨職能的產品團隊往上提升到公司層級或事業單位的層級。

產品的擴展

概述

目前為止討論了產品願景、策略、商業目標。事實上，在公司的草創時期，沒有這些東西仍然可以存活好一陣子。只要滿足早期用戶的需求，通常可以持續經營很久。不過，一旦公司擴展規模，就需要願景和商業目標。只靠少數幾個產品團隊和工程師開發實用的東西並不難，但若要從中型組織、尤其是大型組織獲得卓越的成果，挑戰真的很高。

此外，公司擴展規模後，原始的共同創辦人可能已經離開，留下空缺。產品團隊需要有人遞補。少了這塊，產品團隊幾乎不可能做出好的決策及開發出好東西。這種問題的徵兆通常是以士氣低落、缺乏創新、運作速度減慢的形式出現。

第30章

使用 OKR 擴展產品目標

OKR 系統是可擴展的。我認為使用管理及調校任務的工具對有效擴展非常重要，但很多公司確實在擴展 OKR 的使用時遇到困難。本章將說明，擴展 OKR 系統的使用時，需要做什麼改變。注意，這裡只談產品和技術部門（亦即產品管理、用戶體驗設計、工程部門等等），雖然你可以把我說明的技術套用在任何規模上，但這裡主要關注成長階段的公司或大企業。

清楚了解組織層級的目標

公司草創時期或規模還小時，每個人基本上都知道其他人在做什麼，以及為什麼那樣做。這時每個產品團隊都提出自己的目標和關鍵成果是很正常的，這會出現一些折衷取捨，接著大家才開始運作。但是組織規模變大時，產品團隊需要更多的協助。他們需要的第一個協助是，清楚了解組織層級的目標。假設公司的兩個首要目標是提高顧客的終身價值，以及在全球拓展事業。假設你有 25 個產品團隊，所有的產品團隊可能對這兩個組織目標都有想法，但顯然公司需要精明地規畫哪個團隊追求哪些目標。有些團隊可能只專注追求一個目標，

有些團隊可能要兼顧兩個目標，還有一些團隊負責處理兩個目標以外的重要工作。領導（尤其是產品長、技術長、設計長）需要討論公司的目標，以及哪些團隊最適合實現哪個目標。

確定執行的協調性與利益能相互呼應

公司的規模一大，許多產品團隊支援其他產品團隊是很常見的現象。這些支援團隊通常稱為**平台產品團隊**或**共用服務產品團隊**。他們有高度的共用性，但又和一般的產品團隊有點不一樣，通常不是直接服務顧客，而是間接服務顧客，通常是透過更高層級、方案導向的產品團隊。這些平台團隊可能會收到多數或甚至所有較高層級產品團隊的要求，它們的任務是協助那些產品團隊成功。但領導高層還是要幫這些團隊協調目標，確定相依性協調妥當，彼此的利益相互呼應。

從提交成果中找出落差與優先順序

一旦有了目標，會出現一個非常重要的調整流程。在那個流程中，領導團隊會注意產品團隊提交的關鍵成果，找出目標與成果的落差，然後思考怎麼調整來消除落差（例如，徵召其他的團隊來協助，或檢討工作的優先順序）。

串連工作任務

公司的規模一大，很難知道產品團隊正努力追求哪些目標以及它們的進度如何。現在有很多線上工具，可以幫組織把目標透明化。但即使有那些工具，仍要靠管理高層把那些團隊串連起來。

積極追蹤與管理進度

組織愈大，高誠信的承諾項目愈多，那些項目需要積極管理和追蹤。交付經理在追蹤及管理這些相依性和承諾方面扮演關鍵要角。

大規模使用 OKR 時，領導者和管理高層確保組織協調一致的責任更大，同時還必須確定每個產品團隊都知道如何融入組合中，以及該貢獻什麼。

領導者和管理高層責任增加

許多大企業裡，基本上分成數個事業單位。這種情況下，應該會出現公司層級的 OKR，但也會有事業單位層級的 OKR，那是由產品團隊的 OKR 彙整而成。總之，大規模使用 OKR 時，領導者和管理高層肩負組織協調一致的責任更大，也需要確保每個產品團隊都了解如何融入組合中，以及該貢獻什麼。

第31章

產品宣傳

曾任 Apple 宣傳大使的蓋伊・川崎（Guy Kawasaki）多年前說過，產品宣傳是在「推銷夢想」，幫助大家想像未來，也激勵大家幫忙創造未來。如果你是新創公司的創辦人、執行長或產品長，產品宣傳是你的一大職責。如果你不擅長產品宣傳，你很難組織一支強大的團隊。

如果你是產品經理，尤其在大公司裡任職，但不擅產品宣傳，你的產品很可能還沒上市就會走偏方向、偏離正軌。即使後來產品設法上市了，可能就像很多公司推出的產品一樣，乏人問津。我們已經談過有一支傳教士團隊、而不是傭傭兵團隊很重要。產品宣傳的一大責任就是為了打造傳教士團隊。這個責任通常落在產品經理的身上。這裡有幾種技巧可以幫你向團隊、同仁、利害關係人、高管、投資者宣傳產品的價值。以下是我給產品經理的 10 大推銷建議：

1. **運用原型**。許多人只見樹木，不見森林，欠缺見樹即見林的能力。當你只有幾個用戶故事時，很難讓人看清全局，並了解一切是如何融為一體的（或甚至不確定一切能否融為一體）。原型可以讓大家既見樹又見林。

2. **體會痛苦**。向團隊展示你想幫顧客解決的痛苦，這也是我喜歡

帶工程師一起拜訪客戶及開會的原因。很多人需要親眼見到或親身體會過那個痛苦才會明白。

3. **分享願景**。確保你清楚了解產品願景、產品策略、產品原則。顯示你的產品開發如何促進那個願景的實現、又忠於原則。

4. **大方分享學習心得**。每次用戶測試或造訪客戶後，分享你的心得，不僅分享進展順利的事情，也讓大家知道問題所在，報喜亦報憂。提供產品團隊需要的資訊，以利想出解決方案。

5. **大方分享功勞**。讓團隊認為產品是他們的，不只是你的。然而，事情進展不順利時，你應該挺身而出，為失誤承擔責任，並讓團隊看到你也從錯誤中記取教訓，他們會因此而敬重你。

6. **學習如何做出色的產品示範**。這是對顧客及管理高層使用的重要技能。你不是教他們怎麼操作產品，也不是對他們做用戶測試，而是在向他們展示目前打造的東西有什麼價值。產品示範不是訓練，也不是測試，而是一種說服工具。你一定要把這個示範功夫練得爐火純青。

7. **做足功課**。產品團隊和利害關係人相信你知道自己在說什麼時，他們更有可能聽你的領導。你一定要成為用戶和顧客方面的專家，也成為市場專家，熟悉競爭對手和相關的趨勢。

8. **真心感到興奮**。如果你對自己的產品不太興奮，你應該改變開發的東西或改變你自己的角色。

9. **學會展現熱情**。假設你真心感到興奮，應該把情緒表現出來。我發現很多產品經理不擅長展現這種熱情，或是表現得不太自然。這點非常重要，絕對要真誠，你要讓別人看到你真心感到興奮，熱情是有感染力的。

要絕對真誠，你要讓別人看到你內心的興奮，熱情是有感染力的。

10. **多花點時間跟團隊相處**。如果你沒有空出足夠時間跟團隊裡的設計師及每位工程師面對面交流，他們不會看到你眼中的熱情。如果你的團隊不在同一個地方工作，你一定要登門造訪他們，至少每 2 個月 1 次。花點私人時間跟團隊裡最後一個下班的人相處，這樣做可以大幅提振團隊動力，從而加快運作速度。這些時間絕對值得投資。

如果你的公司是中型或大型企業，由產品行銷扮演向顧客及業務人員宣傳產品的角色是很正常的。對於重大案子及合夥關係，可能還是需要你親自上陣做產品宣傳，但產品宣傳內容主要還是針對自己的團隊，因為你能為顧客做的最好事情，就是提供他們出色的產品。

第32章

產品經理側寫：BBC 的普蕾絲蘭

我得承認對 BBC 情有獨鍾，這家公司存在近百年了，卻早早就接納科技和網路。我看過 BBC 出了多名優秀的產品經理，這些人如今遍佈歐洲各地、甚至更遠的地方。

2003 年，早在 iPhone 上市的 4 年前，BBC 的年輕產品經理普蕾絲蘭（Alex Pressland）領導公司推出一項產品，讓 BBC 成為世界率先聯播內容的媒體公司之一。BBC 多數員工不明白為什麼這項工作很重要，甚至不懂這有什麼好處，但普蕾絲蘭知道 BBC 可以用意想不到的全新方式來應用這個技術，擴大影響力。這也是 BBC 的一大使命。

由於普蕾絲蘭了解 IP 聯播內容技術的潛力，他開始尋找運用這項技術的新方法。最早他在可播放影片的市中心大型電子看板螢幕發現新機會。普蕾絲蘭注意到這些看板的情境和受眾明明和電視觀眾不同，卻播放跟家中電視一樣的內容，他察覺 BBC 傳統廣播媒體（家裡和車內的電視與收音機）接觸不到的英國民眾。

所以，普蕾絲蘭提議做一系列的實驗，請編輯團隊剪輯適合特定場所與觀眾的影像內容，然後他再衡量那些影片的觀眾觸及度和參與度。這種做法如今聽起來很顯而易見，但在當時對 BBC 的廣播新聞

文化來說，卻是很陌生的概念。說服 BBC 往那個方向發展的過程中，普蕾絲蘭遇到很多障礙，尤其是來自編輯部及法務部門的反彈。

編輯部不習慣這種為不同的情境創造內容並播放的模式。這需要改變 BBC 的編輯文化核心，需要大量的說服，證明這樣做對 BBC 和觀眾來說都是好事一樁。法務部不習慣透過 IP 裝置傳播內容的概念。試想，那需要更新或重新協商多少內容授權協議。

不過，普蕾絲蘭的實驗結果及初期成果，讓他有信心向 BBC 領導高層提出一個全新的產品願景和策略，他稱為「戶外 BBC」（BBC Out of Home）。值得一提的是，他是以個人產品經理的身分，獨立推動這些事情。

這項開發後來促成 BBC 的大幅轉變——從廣播內容（broadcast content）轉變成內容傳遞（content distribution），大幅擴展影響範圍，很快就變成 BBC 行動事業的基礎。如今全球每週有 5,000 萬人以上依賴 BBC 的行動服務。這不只是應用技術解決問題的故事，也是有關意志力的故事。在大企業裡，推動大幅改變從來不是件容易的事，但優秀的產品經理就是能夠想辦法做到。普蕾絲蘭離開 BBC 後，先後加入幾家科技和媒體公司，開創了精彩的職涯。目前他在紐約擔任產品領導者。

第4篇

適合的流程

　　第二篇探討了產品團隊，第三篇描述如何決定每個產品團隊應該專注做什麼。第四篇我將說明產品團隊如何運作，談到產品團隊用來探索及交付成功產品的技術、活動和最佳實務。儘管本篇的標題是「適合的流程」，但你很快就會發現適合的流程不只一種，更確切的說法是技術、心態、文化的結合。我要強調產品探索技術，因為這裡關注的重點是產品經理，產品探索是他們的主要職責。產品經理需要把多數時間放在與產品團隊、關鍵的利害關係人、顧客合作上，找出顧客喜愛又適合事業的解決方案。但產品經理和產品設計師需要確保一點：必須騰出時間回答工程師在交付活動期間提出的問題。回答那些問題通常每天要花半小時到一小時的時間。

產品探索

概述

多數的產品經理是在解決困難的問題，通常最後需要用很複雜的系統來支援那些解決方案。對多數的團隊來說，有兩大挑戰需要解決。

首先，詳細探索顧客需要的解決方案是什麼，那包括確定有夠多的顧客需要那個方案（亦即有足夠的需求），接著再想出對顧客和事業皆可行的方案。更難的是，需要確保團隊提出的單一方案適合許多顧客，而不是推出一系列特別的方案。為此，需要測試許多想法，而且測試要快，成本要低。第二，需要確保交出一個完善、可擴展的產品，顧客可以靠產品持續獲得可靠的價值。你的團隊發布產品時要有信心，雖然你永遠無法有百分之百

的信心，但也不能抱著僥倖的心態，光靠祈禱。所以，我們需要快速學習，但發布產品時也要有信心。

　　許多人自然而然把這兩個困難的目標視為彼此相左，這是可以理解的。因為我們亟欲推出東西，以了解什麼行得通、什麼行不通。但我們又不想發布尚未達上市標準的產品，以免傷顧客，也損及品牌。我花了很多時間造訪產品團隊。有時我前一分鐘還在努力說服團隊更積極找顧客測試，及早獲得意見回饋。但下一分鐘我又努力說服同樣的團隊，發布產品時不要對擴展性、容錯度、可靠度、高性能、安全軟體設定的標準妥協。

　　你可能也會發現這種問題以另一種形式存在。許多團隊為「最小可行產品」的概念傷透腦筋，因為一方面想趕快把產品送到顧客面前，以聽取意見及學習。但另一方面，當我們迅速把產品送到顧客面前時，大家覺得所謂的「產品」對品牌和公司來說都很尷尬，並納悶為何會想要推出這種東西？

　　在這一節中，我會闡明卓越的團隊如何同時兼顧這兩個目標：在探索流程中迅速學習，但在交付流程中打造穩定扎實的版本。就經驗來說，我發現多數的產品團隊比較知道如何達成第二個目標（交付扎實的軟體），但不知道如何達成第一個目標（迅速實驗及探索）。我也發現，當團隊了解複雜的系統進行一系列漸進的小改變很重要時，他們會採用「持續交付」這種高階的交付技巧。

　　導致大家困惑不解的部分原因在於，我們稱某個東西是「產品」、「產品品質」、「產品化」、「生產中」時，真正意思被淡化了。我

盡量不濫用「產品」這個詞，只用產品來形容公司可以靠此營運。具體來說，產品有一定程度的擴展性和性能，有強大的自動化迴歸測試套件。產品可以用來收集必要的分析資料，並視情況國際化和在地化。產品是可以維護的，呼應品牌承諾。最重要的是，那是團隊可以自信發布的東西。

那種境界並不容易達到——這也是工程師打造產品時花最多時間的地方。因此，我們努力避免白費功夫。做這些事情時，如果連產品經理都不確定這個方案是顧客想要或需要的，產品注定會失敗，造成龐大的資源浪費。所以，產品探索的目的，是確保我們有證據證明，當我們要求工程師打造優質產品時，不會浪費精力。這也是為什麼產品探索中有那麼多不同的技術。

這裡收錄了許多深入了解用戶和顧客的技術，還有以質化和量化方式來驗證產品概念的技術。事實上，多數技術都不需要占用開發人員的時間（這點很重要，因為我們知道開發人員為了交付優質軟體需要花多少時間和精力）。

有效的產品探索，關鍵在於接觸顧客，又不急著迅速把實驗推向生產。如果你是草創時期的企業，公司沒有顧客，這當然不是真正的議題（這時打造優質軟體甚至為之過早。）但是，對多數的產品經理來說，公司已經有真正的顧客和營收，確實需要關心這個議題。稍後會討論在大企業中以負責的方式進行迅速實驗的技巧。關鍵是，如果想探索卓越的產品，真的需要儘早及經常地向用戶和顧客提出你的概念。如果你想交付卓越的產品，需要為工程師採用最佳實務，儘量不要對工程師顧慮的事置之不理。

第 33 章

產品探索的原則

產品探索的目的，是為了解決底下這些關鍵風險：

● 顧客會購買或決定使用嗎？（**價值風險**）

● 顧客知道如何使用嗎？（**易用性風險**）

● 能打造出來嗎？（**實行性風險**）

● 這個方案有助於事業發展嗎？（**商業可行性風險**）

產品經理光有這些問題的看法還不夠，需要收集證據。產品探索，有一套核心原則驅動我們如何運作。只要理解這套原則，不僅知道現在如何做好產品探索，將來新技術出現時，也可以輕易融入新技術。

原則 1. 不能依靠顧客、高管或利害關係人告訴你要打造什麼

顧客不知道什麼是可能，尤其以科技產品來說，要等到東西出現，才真正知道自己想要什麼。這不代表顧客或高管一定是錯的，而是確定交付的方案可以解決根本問題本來就是產品團隊的職責。是所有現代產品最根本的原則。歷史上，以科技業的絕大多數創新來說，顧客都不知道現在熱愛的產品可能存在，隨著時間遞移，這種現象變得愈來愈明顯。

> 顧客不知道什麼是可能的,尤其以科技產品來說,我們要等到東西出現,才真正知道自己想要什麼。

原則 2. 必須打造令人信服的價值

這點很難,但最難的是創造**必要的價值**,讓顧客最終**決定購買**或**使用**。出現易用性問題或績效問題時,公司還可以存續一陣子,但是缺乏核心價值時,公司真的一無所有,所以產品探索的時間大多花在這上面。

原則 3. 工程固然艱難、重要,但良好的用戶體驗更難,是成敗的關鍵

雖然每個產品團隊都有工程師,但不是每個團隊都有必要的產品設計技能,即使他們有,團隊是否善用了那些技能?

原則 4. 功能、設計、技術本質上是緊密相連的

在舊有的瀑布式模式中,市場主導了功能(亦即需求),需求影響了設計,設計影響了實踐。如今我們知道技術驅動及促成功能,但功能也反過來影響技術。也知道技術驅動及促成設計,設計驅動及促成功能。其實從隨身攜帶的手機就可以看到許多實例。重點是,功能、設計、技術這三者緊密相連。這是我極力主張產品經理、產品設計師、技術領導者應該坐在鄰近區域共事的最大原因。

原則 5. 許多創意不會成功,那些成功的概念通常需要反覆開發

套用馬克・安德森(Marc Andreessen)的說法:「最重要的是,知道你不知道什麼。」我們無法事先知道,顧客會接納或排斥哪些創意概念。所以產品探索期間,要抱持很多概念會行不通的心態。最常見的原因在於價值,但有時因設計太複雜,有時因開發時間太久,有

時則受法律或隱私問題。重點是，必須開明地接納一切可能，必要時以不同的方式解決潛在問題。

原則 6. 必須找真正的用戶和顧客來驗證創意概念

產品開發中最常見的陷阱之一，是以為能預測顧客對產品的實際反應。會那樣認為，是基於實際的顧客研究或根據自身的經驗，但無論如何，如今我們知道，必須找真實的用戶和顧客來驗證概念。需要在投入時間和金錢去打造實際產品以前就做這件事，而不是之後才做。

原則 7. 產品探索的目標是，盡可能以最快、最便宜的方式驗證概念

產品探索講究速度。這可以讓我們嘗試很多概念，並在遇到有前景的概念時，嘗試多種方法。我們需要驗證的概念類型很多、產品類型很多，而且需要處理多種風險（價值風險、易用性風險、實行性風險、商業風險）。所以，我們要學會多種技術，每一種技術因應適用於不同的情況。

原則 8. 在產品探索流程中驗證概念的實行性，不是之後才做

如果開發人員是在衝刺規畫會議（sprint planning）上第一次想到某個概念，那麼你已經失敗了。你要在決定打造產品前先確定實行性，而不是之後才確定。這不僅可以避免浪費許多時間，事實證明，早點獲得工程師的觀點通常有助方案的改善，分享學習心得非常重要。

原則 9. 在探索流程中驗證概念的商業可行性，不是之後才做。

同樣的，在投入時間和金錢去打造產品之前，先確定方案符合事

業需求是絕對必要的。商業可行
性包括財務考量、市場行銷（包

最重要的是，知道你不知道什麼。

括品牌和上市考慮）、銷售、法律、業務發展、高階管理者等等。產
品開發出來後，才發現產品經理不了解事業的某些重要面向，那對產
品經理的士氣或信念是很大的打擊。

原則 10. 共同學習很重要

打造一個傳教士團隊、而不是僱傭兵團隊的關鍵之一，在於團隊
一起學習。一起看到顧客的痛苦，一起看到一些概念可行、一些概念
失敗。他們都了解為什麼這很重要，也知道需要做什麼。

接下來的一切都是以這些核心原則為基礎。

深入閱讀 ｜ 倫理道德：我們該打造這個產品嗎？

一般來說，產品探索是為了解決有關價值、易用性、實行性、
商業可行性的風險。然而，某些情況下，還有一個額外的風險：
道德。我知道這是敏感的話題，也不想讓人覺得我在說教或假清
高。我很鼓勵產品團隊也考慮：「該打造這個產品嗎？」

你可能會以為這跟產品是否違法有關，但涉及道德議題的案
例大多跟法律無關。我們有技術可以打造某種東西，即使它可以
達成某些商業目標，不見得表示我們應該這樣做。更常見的問題
是，我們的技術和設計技能可以提出符合商業目標的方案（例如

為了提高參與、成長、獲利），
但最終可能對用戶或環境造成
傷害。因此，我也鼓勵產品團

鼓勵產品團隊思考提出方案可能產生的道德影響。

隊思考方案可能產生的道德影響。若發現那有很大的道德風險，
就去找可以解決問題、但不會造成負用後果的替代方案。

最後我要提的這點非常重要，是關於跟資深管理高層提起道
德議題。你絕對需要對事業有深入的了解，尤其以公司能夠獲利
的方式。你需要發揮良好的判斷力，討論時敏銳地覺察狀況。
不是要你當公司的糾察隊，而是找出議題及提出潛在的解決
方案。

深入閱讀 | 產品探索裡的反覆循環

多數產品團隊通常把**反覆循環**（iteration）視為交付活動。
如果你每週發布東西，你是以每週反覆開發來思考。但是產品探
索裡也有反覆開發的概念，把產品探索裡的反覆循環籠統定義為
嘗試至少一個新概念或方法。概念有各種形狀和大小，有些風險
大很多，但產品探索的目的是為了比產品交付時做得更快、成本
更便宜。

為了讓你大致了解一般狀況，擅長現代探索技術的產品團隊

擅長現代探索技術的產品團隊通常每週可以做 10 到 20 次的反覆循環測試。

通常每週可以做 10 到 20 次的反覆循環測試。你可能覺得這個數字很多，但很快就會發現，使用現代探索技術時，要達到那個數字其實不難。此外，你也會發現，許多反覆循環是你自己、設計師、技術領導者在做，不會涉及他人。光是「打造原型」這個行動，往往可以突顯出問題所在，使你改變主意。根據經驗，產品探索流程中的反覆循環在投入的時間及心力方面，遠比產品交付流程中的反覆循環少。

第34章

產品探索技術概觀

產品探索技術沒有完美的分類法，因為各種技術適用於多種不同的情況。以下是我個人套用在架構中，覺得很實用的關鍵技術。

探索建構技術

建構技術（framing technique）能迅速找到產品探索過程中必須解決的根本議題。如果有人給我們一個潛在的解決方案，我們需要釐清需要解決的根本問題。需要梳理出風險，判斷哪裡值得投入時間。也需要確定自己的工作如何與其他團隊的工作相融。

探索規畫技術

在整個產品探索過程中，有些技術從頭到尾都很實用，可以幫我們找出更大的挑戰，幫我們規畫如何處理這個任務。我們將在本章探討。

探索構思技術

當然，激發創意概念的方法有很多種，但有些來源比較可能讓我

們專注在最重要的問題上。構思技術是為了提供產品團隊大量有前景的解決方案，以解決目前關注的問題。

探索原型技術

產品探索的工具首選通常是原型。我們之後會討論四大類原型，並說明每一類最適合用來做什麼。

探索測試技術

產品探索主要是為了迅速測試概念，基本上是從大量的概念中去蕪存菁。我們定義的好概念是：可用顧客願意買單的方式來解決問題；顧客懂得如何使用產品；團隊有時間、技術和科技去打造產品；產品對事業的各方面有助益。此外，還要了解一個重點：許多概念其實沒有太大的風險，可能很直截了當，或只有某方面有風險，例如法務部門擔心可能有隱私問題。不過，有時候我們需要解決更棘手的問題。遇到棘手的問題時，可能上述的多數領域或甚至所有領域都有重大的風險。所以，在產品探索流程中，我們只驗證我們需要的，接著根據特定的情況來挑選合適的技術就好。

測試實行性

這是為工程師設計的技術，以便他們處理需要關注的領域。工程師測試的方案可能要用到某種技術，那技術可能是團隊沒有經驗的。另外，可能有很大的規模或績效挑戰，或是需要評估第三方的組件。

測試易用性

這是為產品設計師設計的技術，以便他們處理需要關注的領域。很多產品有複雜的工作流程，設計師需要確保用戶看得懂他們的互動設計。設計師也要找出可能造成用戶混淆的來源，預先排除。

測試價值

產品探索的多數時間是花在驗證價值或努力提升價值觀感上。如果是一種新產品，我們需要確保用戶會以我們販售的價格來購買那個產品，而且用戶會放棄目前使用的產品，改用我們開發的產品。如果我們正在改進已存在的產品（例如新特色或新設計），顧客也購買過，我們需要確保顧客會選擇使用新特色或新設計。

測試商業可行性

遺憾的是，光是打造顧客喜愛、方便好用、工程師也能開發出來的產品或方案是不夠的。產品也必須適合我們的事業，這就是**可行**（viable）的意思。這表示我們負擔得起打造及供應產品的成本，還有行銷及銷售產品的成本。那東西必須是業務人員有能力銷售的。這也意味著解決方案對我們的事業開發夥伴來說是可行的，對法務同仁來說是可行的，同時也符合公司的品牌承諾。這些技術是為了驗證這些類型的風險。

轉型技術

當你把組織從目前的運作方式轉變成你認為需要改變的方式時，必須有一套「證明有效」的技巧。由此可見，我們需要各式各樣的技術，有些技術是量化、有些技術是質化。有些技術是為了收集證明

（proof）或至少統計上顯著的結果，有些技術是為了收集證據（evidence）。所有的技術都是為了幫我們迅速學習。在這裡分享的技術，是我認為現代產品團隊不可或缺的技術。在一兩年內，這些技術你至少會用到幾次。當然，還有其他實用的技術是專為特定類型的產品或情況設計的，而且新技術總是不斷地出現，但至少這些技術是你的首選。

> 這裡分享的技術是現代產品團隊不可或缺的技術。

探索建構技術

概述

產品探索任務大多不用做很多的建構或規畫。只要為某個問題提出解決方案，通常這很直截了當，我們可以直接投入開發，交付成果。但很多情況顯然不是如此，所以一些建構和解題技巧變得很重要，大型專案就是常見的例子，尤其是大計畫（涵蓋多個團隊的專案）。在本節中，我說明如何建構產品探索任務，以確保一致性及找出關鍵風險。這裡有 2 個要關注的大方向：

1. 首先是確保整個團隊對目的和一致性有共識，尤其需要認同團隊關注的商業目標、團隊意圖為顧客解決的具體問題、團隊是為哪種用戶或顧客解決問題，以及團隊如何知道

問題是否解決了。這些都應該直接
呼應產品團隊的目標和關鍵結果。

團隊必須對目的和一致性有共識。

2. 第二個目的是找出探索流程中需要因應的重大風險。我發現多
數團隊很容易只考慮他們最擅長因應的風險類型。

此外，我常發現兩種情況，有的團隊會立即著手處理技術風險
（尤其是性能或規模方面），另一種團隊是鎖定易用性風險。他們知
道這個改變涉及複雜的工作流程，所以非常在意，想馬上處理。這些
確實都是風險，但根據我的經驗，它們也是很容易處理的風險。團隊
也需要考慮價值風險──顧客希望解決這個問題嗎？我們提出的方案
是否夠好，能吸引顧客更換目前使用的方案？此外，還有一種很麻煩
的商業風險──團隊必須確保探索流程中所提出的方案適合公司的不
同部門。以下是一些常見的例子：

- 財務風險：我們負擔得起這個方案嗎？
- 事業開發風險：這個方案對公司的合作夥伴可行嗎？
- 行銷風險：這個方案符合公司的品牌嗎？
- 銷售風險：業務人員有能力銷售這種方案嗎？
- 法務風險：從法律或法規遵循（compliance）的角度來看，我
  們能做這個方案嗎？
- 道德風險：這個方案是公司該做的嗎？

許多事情沒有這些方面的顧慮，但是一旦方案讓我們產生上述顧
忌，就必須積極地應對。如果產品經理、設計師、技術領導者都覺得
以上幾個領域沒有明顯的風險，通常直接進入交付流程，但我們也非
常清楚，偶爾事後證明團隊是錯的。不過，這都比心態過於保守、所
有假設都要先測試的團隊更好。我喜歡把探索時間和驗證技術用在我

們知道有重大風險的情況上，或團隊成員有異議的情況。評估機會有很多方法。有些公司要求嚴謹的分析，有些公司則是交由產品團隊自行判斷。在本節中，說明 3 種我最喜歡的技術，每一種分別適合不同規模的任務：

1. **機會評估**（opportunity assessment）是為絕大多數產品工作設計的，範圍從簡單的功能改善到中型專案都適用。

2. **客戶信**（customer letter）是為大型專案或計畫設計的，這些案子通常有多個目標及比較複雜的期望結果。

3. **創業圖**（startup canvas）是為開發全新的產品線或一個新事業而設計的。

注意，這些技術不是互斥的。例如，你可能覺得同時做機會評估又寫客戶信很實用。

深入閱讀 | 問題 vs. 解決方案

所有的建構技術都有一個共同的根本主題，**原因在於大家總是從解決方案的角度來思考及談論事情，而不是從根本問題的角度談起**，這是人之常情。這種情況特別容易出現在用戶和顧客身上，但事業裡的利害關係人、公司高管、還有我們自己（如果你對自己夠誠實的話）也是如此。

這個問題常出現在新創企業的創辦人身上，創辦人常反覆思索某個潛在方案好幾個月，之後才拿到資金並產生勇氣去執行方

> 我們最早提出的方案往往無法解決問題,至少那種方案無法讓事業蓬勃發展。

案。但這個行業給我們的最重要啟示是:**你只能愛上問題,不能愛上解決方案。**

為什麼這點那麼重要?因為我們最早提出的方案往往無法解決問題,至少那種方案無法推動事業蓬勃發展。公司通常需要嘗試多種不同的方法,才能找到解決根本問題的方案。

這也是典型的產品路徑圖充滿問題的另一個原因。產品路徑圖列出功能特色及專案清單,每個功能特色或專案都是可能的解決方案。有人認為某個功能特色可以解決問題,所以把它列入圖中,但他們很可能是錯的。這也不能怪他們,畢竟在規畫路徑圖的階段,沒有人能事先知道各種方案是否可行。

但是那個潛在方案的背後很可能真的有問題,而產品部門的任務就是負責梳理出根本的問題,確保我們提出的解決方案可以解決那個根本問題。一開始花點時間先「建構」需要解決的問題,並溝通這個建構計畫,對最後的結果有很大的影響。

第35章

機會評估技術

機會評估是非常簡單的技術，但可以幫你省下很多時間和痛苦，主要能夠針對你即將展開的探索流程，回答 4 個關鍵問題：

1. 這個任務是為了達成什麼商業目標？（**目標**）
2. 你怎麼知道目標達成了？（**關鍵結果**）
3. 這可以幫顧客解決什麼問題？（**顧客問題**）
4. 我們關注哪種顧客？（**目標市場**）

商業目標

第一個問題應該呼應公司要求團隊負責的一個或多個目標。例如，如果公司要求你們負責成長問題，縮短吸收新顧客上門的時間，或減少每個月顧客的流失率，你就需要清楚知道這個產品至少可以處理一項你被指派的任務。

關鍵結果

我們一開始就要知道，衡量成功的標準是什麼。例如，假設你想減少用戶流失，1% 的改進究竟是成果斐然，還是浪費時間？第二個

問題應該至少呼應產品團隊被指派的一個關鍵結果。

顧客問題

我們做的每件事情，都是為了公司的利益著想，否則根本不會去做。但也必須把重點放在顧客身上，這個問題可以清楚表達我們想為顧客解決什麼問題。偶爾也會為公司內部的用戶做點事情，如果是這種情況，你也可以在這裡提出。不過，即使是這種情況，我們還是會把一切和最終顧客的利益相連。

目標市場

很多產品開發失敗，是想要取悅所有的人，結果弄得裡外不是人。這個問題是為了讓產品團隊清楚知道誰是這項任務的主要受益人。主要受益人通常是某種類型的用戶或顧客，一般稱為用戶、顧客角色、目標市場或待辦任務。

評估機會時，你可能還需要考慮其他因素，這取決於機會的性質，但我認為上述 4 個問題是最基本的。在展開產品探索之前，你需要確保產品團隊的每個成員都知道並理解這四個問題的答案。回答這些問題是產品經理的責任，構思答案通常需要幾分鐘的時間。但想出答案後，產品經理需要與產品團隊及關鍵的利害關係人分享答案，以確保大家都有共識。

這裡有個重要的但書：有時執行長或某位資深領導者可能會說，在一般的產品開發工作之外，還有其他的事情需要處理。有時基於策略考量，需要做特定的產品工作，例如支援合作夥伴。如果這種情況

經常發生，那就是不同的議題了，但這種事情通常不常發生。遇到特殊狀況時，不要覺得太心煩，只要盡量為產品團隊提供背景資訊就好，上述的 4 個問題可能仍然相關。

第36章

客戶信技術

對於規模一般或較小的任務，通常做完機會評估就夠了。但展開規模較大的任務時，可能基於多個原因，需要解決好幾個顧客問題或商業目標。為了有效地溝通價值，產品經理該問的問題可能不只上一章列出的那 4 個。

重新設計就是這種任務的典型例子。重新設計可能有幾個目標，也許它是為了同時改善現有顧客的體驗並為新顧客提供更好的體驗。Amazon 是我最喜歡的科技產品公司之一，他們持續創新（包括幾項真正顛覆性的創新發明）證明公司可以大規模執行。在我看來，他們能夠持續展現產品成果的原因很多，包括領導有方、人才濟濟、文化出色、尤其他們對顧客的關照抱持真正的熱情。此外，Amazon 打造產品時，還是會採用一些關鍵技術，其一是所謂的「**倒推法**」（working backward process），亦即從假裝發布新聞稿開始往回做。

那個方法是：產品經理撰寫一份想像的產品上市新聞稿，讓產品團隊知道他們需要交付的東西。這個產品如何改善顧客的生活？對他們有什麼真正的效益？大家都知道新聞稿長什麼樣子，只不過他們是撰寫想像的新聞稿，描述團隊想開創的未來狀態。

產品團隊很容易產生衝動，想要馬上列出要開發的所有功能，不太思考那些東西對顧客的

展開規模較大的任務時，基於多種原因，需要解決好幾個顧客問題或商業目標。

實際效益。這種倒推法的技術就是為了避免那種情況，讓團隊專注於結果，而不是產出。

這份新聞稿的實際發送對象是產品團隊、相關團隊或其他受到影響的團隊，以及領導者。這是很棒的宣傳技巧，如果大家看完新聞稿後，卻看不出價值在哪裡，那表示產品經理有更多的事情要先處理，或許他應該重新考慮那項任務。有些人也把這一招視為「需求驗證技術」（如果你無法讓團隊為此感到振奮，也許就不值得投入）。不過，那只是驗證同事的需求或價值，而不是驗證真正的顧客，所以我覺得這主要是一種「建構」技術。

沃克・洛克哈特（Walker Lockhart）長年在 Amazon 任職，兩三年前跳槽到諾斯壯百貨（Nordstrom），他跟我分享諾斯壯百貨開發及精進的一項技術。那項技術跟 Amazon 的技術大同小異。諾斯壯百貨的做法不是以「新聞稿」的形式傳達效益，而是從名確定義的用戶或顧客角色的假想觀點，撰寫「客戶信」來傳達。

那封信是由對公司非常滿意及印象深刻的顧客寫給執行長，說他真心對新產品或重新設計感到滿意、太感激了，並描述那個新產品如何改變或改善他的生活。此外，那封信也附上執行長寫給產品團隊的虛構祝賀信，信中提到產品團隊的貢獻如何促進事業發展。各位應該可以看出這種客戶信非常類似 Amazon 假想的新聞稿，這類技術都是為了刺激同類思維，新聞稿中甚至包含客戶報價。

不過，相較於「新聞稿」的格式，我更喜歡「客戶信」的格式，

原因有兩個。第一，新聞稿格式有點過時了。現在新聞稿的作用跟以往的功能不太一樣，不是每個人都熟悉新聞稿。再者，我覺得客戶信更能設身處地思考顧客現有的痛苦，更清楚地向團隊強調他們的努力如何改善顧客的生活。我也承認自己很喜歡收到客戶來信，覺得這種信非常激勵人心。另外，值得一提的是，即使顧客來信批評產品，也有助於團隊用心體會問題，他們往往會覺得有必要想辦法幫助顧客。

第37章

創業圖技術

目前為止，探索了可用在典型或較小規模的任務上（例如增添新功能），或中大型任務上（例如重新設計）的技術。那已經涵蓋了產品團隊的多數工作。不過，有種特別困難的情況需要更全面的建構技術。可能是公司草創時期，還在思考可以推動事業發展的新產品。或者，在大企業任職，公司要求開發一個全新的商機。換句話說，公司不是要求你改進現有的產品，而是要求你開發全新的產品。

在這種情況下，你面臨更廣泛的風險，包括驗證價值主張、想出獲利的方式、規畫把產品賣到顧客手中的方式、計算生產及銷售產品的成本、以及選擇用來追蹤進度的衡量指標。至於判斷市場是否大到足以支撐一個事業的發展，那就更不用說了。

幾十年來，大家通常會撰寫厚厚一本商業計畫書，以凸顯出這些議題並說明如何應對。但很多人（包括我）都說過，舊式的商業計畫書往往弊多於利。創業圖（startup canvas），以及近似的商業模式圖（business model canvas）和精實圖（lean canvas），都是為了儘早發現這些風險，以鼓勵團隊提早解決風險的輕量級工具。

相較於舊式的商業計畫書，我更喜歡使用創業圖。但我也注意

公司不是要求你改進現有的產品，而是要求你開發全新的產品。

到，許多創業團隊花太多的時間在創業圖上，持續拖延「尋找顧客想買的方案」這個惱人的小問題（參見附欄「最大風險」）。

　　你可以用圖來表示任何產品改變，不分規模大小，但可能很快就發現，公司存在現有的產品和事業時，絕大多數的圖不會改變，只會重複使用。因為你已經有銷售或配銷模式，已經有獲利策略，已經有明確定義的成本結構，但你現在想為方案創造更多的價值。這種情況下，可能使用前面提到的建構技術更合適。話又說回來，創業圖還是可以套用在比較簡單的任務上，尤其是你有一個新來的產品經理。創業圖可以幫他完整地了解自己負責的產品，也了解事業受到影響的關鍵領域。

深入閱讀 | 最大風險

　　我喜歡創業圖的原因之一，是它可以迅速凸顯出新創事業或現有事業中重要新產品的關鍵假設及主要風險。先解決最大風險是件好事，至少理論上是如此。實務上，我常遇到一些創業者和產品領導者把焦點放在次要風險上，而非主要風險上。我認為部分原因在於風險是主觀的，難以量化。所以，因觀點不同，你可能認為有些風險是次要的，但我認為它是主要的。不過，最主要的原因在於，我們習慣把焦點放在自己能夠掌控及了解的領域，

這是人之常情。

假設某家新創公司的創辦人有商業背景，也有 MBA 學位，他可能很了解提出好的商業模式有那些風險。這種創辦人通常會把焦點放在獨特的價值主張、訂價、通路、成本上。這些都是真實的風險，是評估**商業可行性**的一部分。

但我通常必須和這種人坐下來好好談談，說明那些雖然是真實的風險，但是在公司的草創時期，那些風險還是比較偏向理論。接著，我會根據經驗，指引他注意新創事業和新產品失敗的最大原因。你可能以為我講的是市場風險，亦即新產品想要解決的問題根本不是顧客很在乎的問題。那是很真實的風險，也確實造成很多產品的失敗，但我覺得那還不是最大的風險。

先提幾個但書：首先，不得不說，我遇到的多數團隊都不是在解決真正的新問題。他們是為存在已久的市場解決存在已久的問題。新創事業或新產品之所以不同，在於他們解決問題的方法（方案）不同，因為他們大多是利用創新的方法，以新科技來解決問題（而且這種情況愈來愈常見）。

第二，如果市場確實是新的，那麼現今可用來驗證需求的技術更是再好不過了。你不使用這些技術，只是自找麻煩罷了。這是特別嚴重的錯誤，因為就金錢和時間來說，這些技術都不貴，沒有理由放著不用。

我認為多數任務面臨的主要風險是**價值風險**。在創業圖上，這是出現在方案風險（solution risk）的下面。方案風險是指發現

> 我們習慣把焦點放在自己能夠掌控及了解的領域，那是人之常情。

對顧客很有吸引力的方案，那是顧客會選擇購買及使用的方案。這通常很難，但你要知道，為了吸引顧客改用你的新產品，光是推出跟競爭對手勢均力敵的產品還不夠（有時稱為「特性對等」），**你的產品必須明顯優於對手**。這是很高的標準。

不過，如果你以前畫過創業圖，會知道裡面幾乎沒有提到方案的相關資訊。創業圖如此簡化的原因，官方說法是因為我們太容易愛上自己提出的方案，而太早身陷其中，難以自拔。持平而論，這確實是團隊很容易發生的問題，我常看到這種情況。不過，創業圖中幾乎沒有提到方案資訊的後果，這也會導致很多團隊習慣鎖定他們比較放心的風險，而把探索方案視為「工程師的任務」。

我們不該把「探索方案」這件事委託或推遲給別人做，應該把產品探索視為新創事業最重要的核心競爭力。如果你能找到顧客喜歡的方案，就能解決獲利及規模擴展的風險。如果你找不到那個方案，你的一切心血可能都會付諸流水。所以，無論你的有限資源是資金、還是管理高層的耐心，你都要把大部分的時間用來探索成功的方案。先把那個風險解決了，接著再關注其他的風險。

重點是，在你發現真正有價值的產品之前，你不需要花時間做訂價優化測試、開發銷售工具、規畫行銷方案及削減成本。

探索規畫技術

概述

建構了產品探索任務後，我們已經準備好開始探索方案。若是複雜的產品，先收集資料及規畫探索任務通常很有幫助。

在本節中，將介紹兩種我最喜歡的探索規畫技術。一種很簡單（故事對照圖），另一種相當複雜（探索客戶計畫），但兩個技術都很強大，非常有效。我不想因為一項技術牽涉到許多工作而把你嚇跑。我常告訴產品團隊，如果只能挑一種技術，我會推薦「探索客戶計畫」。沒錯，那要投入很多時間和精力，尤其是產品經理要付出更多，但那是未來成敗領先指標。我的職涯成就主要歸功於這項技術。

第 38 章

故事對照技術

故事對照圖（story map，或稱故事地圖）是最實用的技術之一。基本上是一種建構和規畫技術，但用於構思也同樣實用。在開發原型時，故事對照圖也可做為設計技術，很適合拿來和團隊及利害關係人溝通。故事對照圖在管理及組織工作方面，可以發揮實質的效用。此外，在整個產品探索及交付流程中，都可以使用這項技術。我想你應該也會覺得故事對照圖確實有很多效用，但更棒的是，非常簡單。

故事對照圖的起源，是因為大家覺得典型的用戶故事平淡無奇，令人失望。那些用戶故事缺乏背景資訊，只是優先列舉的故事清單罷了。產品團隊如何將一個故事融入全局？把這種缺乏背景資訊的東西以如此細膩的方式排列優先順序有什麼意義？哪些故事可以構成一個有意義的里程碑或發行版本？

敏捷開發法的先驅傑夫・帕頓（Jeff Patton）對此感到失望，因此利用一些驗證可行的用戶經驗設計技術，然後配合敏捷概念加以調整，創造出「用戶故事對照圖」（user story map）。

這是一種二維圖，橫軸是放主要的用戶活動，那是按時間順序從左到右籠統地排列。例如，假設有十幾個主要的用戶活動，你是按照

從事那些活動的時間從左到右排列；或者，如果你是描述整個系統，則是按描述的順序排列。縱

許多團隊把逼真的用戶原型和故事對照圖視為技術首選。

軸是按細節的細膩度排列。當我們為每項主要活動增添內容、把它變成一組用戶任務時，我們會為每個任務增添故事。關鍵任務是排在備選任務的上方。排列系統時，只要看一眼對照圖就可以獲得整體的觀點，並思考如何按不同的發布版本及相關的目標來區別。如此一來，每個故事都有背景。整個團隊都可以看到一個故事與其他故事如何相容，而不是只看到某個時點的快照。團隊也可以看到系統如何隨著時間成長。

我們可以使用這個故事對照圖來建構原型。在得到大家對原型的意見回饋，知道大家如何和產品概念互動時，就可以輕易更新故事對照圖，即時反映原型的狀態。結束探索流程、進入交付流程時，圖上的故事就直接轉為產品待辦清單。我認識許多團隊把逼真的用戶原型和故事對照圖視為技術首選。

產品經理必讀的另一本好書是帕頓撰寫的《使用者故事對照》（*User Story Mapping: Discover the Whole Story, Build the Right Product*）。

第39章

探索客戶計畫

產品部門的任務，是開發出讓事業蓬勃發展的產品。毫無疑問，公司的一切運作都有賴強大的產品。

少了強大的產品，會導致行銷計畫的顧客招攬成本太高；業務部門被迫「發揮創意」去推銷產品，那也會導致銷售成本增加，拉長銷售週期，產生降價壓力；客服部門每天都得忍氣吞聲地面對氣急敗壞的客戶。

這種愈來愈糟的狀況還會持續惡化，因為業務部門拿不夠好的產品出去銷售時，會吃很多閉門羹。於是，他們會有什麼反應？他們開始對你大吼大叫，抱怨你的產品欠缺哪些功能，競爭對手有哪些功能，這種抱怨通常只會導致情況更加惡化。你也開始抱怨你在一家業務導向的公司上班。

很多人可能會以為我剛剛在描述他們的公司，遺憾的是，這其實是很多公司的現實寫照，尤其是有直接銷售部門或廣告業務部門的公司。這本書就是為了預防或改正這種情況。不過，在本章中，我要談的是確保公司推出強大可行產品的最強大技術之一，這個技術可以避免上述的情況發生。

參考客戶的威力

對產品部門來說，很少有比參考客戶還要強大利器。

首先，討論滿意的參考客戶（reference customer）有什麼神奇的效用。我們先清楚定義什麼是**參考客戶**：這是真實的客戶（不是親友），他**實際使用**你的產品（不是試用或使用原型），實際為**產品付費**（不是為了吸引他使用而免費送他），最重要的是，他**願意告訴別人**他多愛用你的產品（自願且真誠的）。

請相信我，對產品部門來說，參考客戶比其他技術還強大。那是為業務及行銷部門提供的最佳銷售利器，能徹底改變了產品部門和公司其他部門之間的動態。你問任何優秀的業務員：你能提供給他們的銷售利器中，那種效果最強，他會回答：「滿意的參考客戶。」如果你常為了業務人員的業績以及他們設法拉進來的潛在客戶感到失望，這是你扭轉局面的方法。

少了參考客戶，業務團隊很難知道真正的「產品與市場適配」是什麼樣子。切記，業務員有業績壓力，他們的收入是來自銷售產品的佣金。所以，不給參考範例時，他們會以自己的方式想盡各種方法推銷。在沒有參考客戶的情況下，這不是他們的錯，而是你的錯。我之所以喜愛，是因為「探索客戶計畫」技術是為了創造「參考客戶」而設計的。**產品部門必須發掘及培養一群參考客戶，同時探索及開發實際的產品。**

我先提醒你，這種技術需要投入大量的心力，尤其產品經理需要投入的更多。我也希望探索客戶計畫能簡單一點，可惜不是那麼容易。但我認為，只要妥善運用，參考客戶就是**未來產品成敗的最佳領先**

> 產品部門必須發掘及培養一群參考客戶，同時探索及開發實際的產品。

指標。此外，這個技術不是什麼新鮮事，雖然每隔幾年產品界就會出現某個意見領袖重新發現探索客戶計畫的威力，使它再次受到關注。這個技術也有多種名稱。總之，要不是參考客戶需要做很多功課，我相信每個人都會使用。這個技術針對不同的情境，有 4 種主要的變型：

1. 為企業打造產品。

2. 打造平台產品（例如公共 API）

3. 打造公司員工使用的顧客服務工具。

4. 為消費者打造產品。

這 4 種變型的核心概念都一樣，但其他面向不太一樣。我先描述第一種變型，接著才描述其他用途的差異。我先聲明一點，這個技術不適合套用在新功能或小專案上，主要適用於較大的專案，例如打造新產品或新事業、把現有產品推到新市場或新地區、或重新設計產品。這種技術背後的基本動力是，對於重要的新產品，潛在客戶最常用的婉拒藉口是希望看到類似公司成功導入的案例。也就是說，他們想看到參考客戶。一般來說，參考客戶愈多愈好，參考客戶太少時，潛在客戶會擔心那個產品是特例，只適合那 1、2 個客戶使用。

對於鎖定企業用戶的產品和服務，多年前我學到關鍵數量是 6 家參考客戶。這個數字沒有統計的顯著性，只是為了挹注信心，多年來我發現那個數字確實有道理。當然，超過 6 個更好，但我們以 6 個為目標，是因為要找到每個參考客戶都需要下很大的功夫。

單一目標市場

這不是隨便找 6 個客戶，而是在特定的目標市場或市場區隔中開發 6 個參考客戶，所以目的是找到 6 個類似的客戶。如果你最後是在 2、3 個不同的市場找到 2、3 個客戶，這個計畫不會提供你想要及需要的關注焦點。

在前面討論產品願景和策略的章節中，我們談到逐一攻下每個垂直市場以實現產品願景的產品策略。例如，先為金融服務業開發 6 個參考客戶，再為製造業開發 6 個參考客戶等等。又或者，你也可以按地理區來擴展，例如先為美國開發 6 個參考客戶，再為德國開發 6 個參考客戶，然後再為巴西開發 6 個參考客戶。盡我所能地說服團隊，在找到 6 個參考客戶以前，先不要在市場上發布產品。我們需要有證據顯示產品可以幫客戶解決問題後，才啟動銷售或行銷機制，而參考客戶就是最好的證據。

這種技術的背後概念，是專注為特定的目標市場開發一群參考客戶，好讓業務人員以後更容易找到同類客戶推銷產品。一旦為最初的目標市場找到參考客戶，就可以繼續擴展產品以滿足下個目標市場的需求。

招募潛在的參考客戶

我們希望至少有 6 個參考客戶，所以一開始通常會招募 6 到 8 個客戶，以防其中有客戶不適合或不願參與。這些參考客戶必須來自我們鎖定的目標市場，他們可能是你的現有客群、潛在客戶或混合體。我們想找的是真正為問題感到痛苦的潛在客戶，而且迫切需要我們想打造的解決方案。假如他們能在別處找到可行方案，他們早就買了。不過，這時必須剔除技術人員。他們是對技術感興趣，不是因為他們

迫切需要商業價值。

我們需要參考客戶投入人力和時間跟我們密切合作，他們必須願意花時間和產品團隊共事，測試早期的原型，幫團隊確保產品可以順利運作。可能的話，他們最好是大家耳熟能詳的知名企業或人物，那對業務和行銷人員來說最有價值。想要找到一組合適的參考客戶，通常需要產品經理與產品行銷經理緊密合作。

關係

對潛在客戶的好處是，他們可以為方案提供真實的意見，而不是只說些場面話。最重要的是，可以獲得真正適合他們的方案。對產品團隊的好處是，你可以接觸到一群用戶和客戶，跟他們一起深入探索適合的方案。客戶會讓你接觸到他們的用戶，並答應幫你測試早期的版本。更重要的是，他們已經同意購買產品，並在最終成品解決問題時，成為其他客戶的參考對象。

你必須向每個參與這個計畫的潛在客戶說明，你的任務是開發出**通用的產品**（亦即公司可以賣給大量顧客的產品）。你不是打造只適合一家公司的訂製方案（其實顧客也不想要那種方案，因為最後常徒留下一套無人支援、也不再升級的軟體）。雖然，你確實是為他們和少數幾家參考客戶致力開發極其實用的產品。

此外，身為產品經理，你的任務不是把這 6 家客戶要求的功能都塞進產品中。雖然這樣可能簡單很多，但那只會創造出很糟的產品。你的任務是和這 6 家客戶深入研究，找出一個對這 6 家客戶都有效的**單一方案**。

使用這項技術時，有幾個需要思考的重點。不是每個人這方面都

認同我的看法，但我不喜歡客戶在參加這個計畫時預先付款。那會營造出不同類型的關係，你需要的是一起開發產品的**合作夥伴**，而不是為客戶量身打造方案，你不是在經營訂製專案中心。你可以等到交出他們熱愛的產品後，再收錢。但是話又說回來，如果你是草創時期的新創公司，資金非常拮据，可能需要稍微破例。一種妥協做法是讓客戶把錢匯入託管帳戶。

　　如果你處理的是重要又困難的問題，可能會獲得客戶的熱烈響應，許多客戶都想參加這個計畫，導致你應接不暇。這確實是很划算的交易，客戶也知道這個好處。如果你的公司有業務部門，他們會把這個機會當成談判籌碼，你可能不得不接受很多參考客戶，但那會導致你收進來的客戶比你能負擔的還多。這方面的拿捏有時需要技巧，但重點是這個「探索客戶計畫」必須由適合的成員組成，不要超過8個。不過，針對那些想要提早使用軟體、但你覺得不適合納入「探索客戶計畫」的客戶，你可以在之後推出搶先版給他們用。

　　注意，在很多情況下，你會遇到一些客戶說他們對那個產品很感興趣，但想先看你的參考客戶是誰。當你解釋想和他合作、把他變成參考客戶時，他可能會說他太忙了，等你找到參考客戶再來找他。這也沒關係，他們還是很好的客源。但現在要找的目標是迫切需要方案、絕對會為此騰出時間的客戶。每個市場都有這種客群。

　　但是，如果你真的連4或5個潛在客戶都招募不到，很可能是你想解決的問題不太重要，到時候銷售產品時，一定會賣不出去。這要回推到第一次現實檢測（又名「需求驗證」），以確保把時間花在有價值的事情上。如果客戶對這個問題不感興趣，你可能要重新思考計畫。你需要確定那些參考客戶都是來自目標市場，而且不是來自一個

以上的目標市場。這個計畫的一大優點是聚焦，亦即客戶是來自單一目標市場。

產品經理需要與產品行銷經理合作，確保潛在客戶得到行銷部門的許可，可以成為公開的參考客戶。也需要讓產品行銷經理持續參與這個計畫，因為他可以把參考客戶變成卓越的銷售工具及靠山。但切記，找這些參考客戶是產品經理的任務，所以一定要提供他們熱愛的產品。

你可以把早期的潛在客戶視為開發夥伴、休戚與共，把他們當成同事一樣坦誠相見，你們是在互相幫忙。你會發現如此培養的關係可以延續多年。在整個計畫的過程中，你會與他們持續互動──向他們展示原型，找他們的用戶來測試，也會問許多詳細的問題，並在他們的環境中測試早期版本。

在發布通用版的產品以前，你一定要先發布產品給這些參考客戶，確定他們正式使用都很滿意。這樣一來，當你正式推出產品上市時，他們已經準備好當你的代言人了。

接著，我們來看這個計畫的一些常見變型，它們適合用在不同類型的產品上：

平台／API 產品

如果你是推出開發人員使用的產品（developer product），你的「探索客戶計畫」很像為企業客戶推出產品的樣子，主要差別在於我們是和使用這個 API 的開發團隊（工程師和產品經理）合作，以便他們使用我們的產品。這個計畫會得出一套參考應用程式（reference applications），而不是參考客戶。我們是把焦點放在以 API 開發出來

的成功應用程式上。

客戶支援工具

對於客戶支援工具（例如為你的客服人員設計的新儀表板），主要挑選 6 到 8 個受到敬重又有影響力的內部用戶／員工（亦即其他客服人員視為意見領袖的人），接著和這幾個人密切合作，以開發必要的產品。顯然，他們不是真正的客戶，也不會付費，但我們找他們來密切合作，一起參與產品探索流程，是為了把客戶支援工具設計得更好。他們認為產品已經開發完成時，我們可以請他們告訴其他的同仁，他們有多喜歡新工具。

消費品

對於消費品，同樣的概念依然適用。但這個情況下，我們不是鎖定 6 家企業客戶以便密切合作（每家客戶內都有許多用戶），而是鎖定許多消費者（10 到 50 人），讓他們參與產品開發，直到他們喜愛那個產品。這裡必須強調的是，對於消費品，需要在這個計畫之外搭配更廣泛的產品概念測試——通常是找沒接觸過產品的人來測試。不過，有一小群可以持續找來測試的潛在用戶往往很有幫助，這就是這個計畫的目的。在行銷方面，消費者決定購買或使用產品時，他們可能不會像企業客戶那樣先看參考客戶用得怎樣。但消費者會受到社群媒體、新聞、其他意見領袖的影響。媒體報導你的產品時，他們的第一個反應是參考真正的用戶。

結語

你可以看到這個計畫相當費神，尤其產品經理需要投入許多心力，但這個強大的技術可以確保你打造的是客戶喜歡的產品。切記，這個技術的目的不是為了發現必要的產品，那是接下來才做的事。當前目標是讓你直接接觸目標客戶，以便找到培養參考客戶所需要的產品創意。

深入閱讀 | 定義產品與市場適配

定義「產品與市場適配」這重要概念有多種方法，大多數的方法是主觀的。產品與市場適配確實是「你看到就曉得它是否存在」。當顧客滿意、流動率低、銷售週期縮短、自然成長迅速時，你就會看到產品與市場適配的跡象，但以上情況的門檻都很難定義。公司常花無數的時間爭論「產品與市場適配」對他們來說意味著什麼，以及他們是否已經達到那個境界。

評估產品與市場適配的最常見技術之一是艾利斯測試（Sean Ellis test），這是指做用戶調查（從目標市場中尋找最近至少用過產品兩次的人，你從分析系統中知道他們至少已經知道產品的核心價值），然後問那些用戶如果他們再也無法使用這個產品，他們會有什麼感覺（選項包括「非常失望」、「有點失望」、「無所謂」、「不重要，因為我早就不用了」。）一般的經驗法則是，如果有 40% 以上的受訪用戶回應「非常失望」，很有可能你已經達到產品與市場適配。

這種方法雖然實用，但有很多注意事項，視產品類別和樣本大小而定。我喜歡把這個測試套用在消費性產

> 當顧客滿意、流動率低、銷售週期縮短、自然成長迅速時，你就會看到產品與市場適配的跡象。

品和服務上，但不會把它套用在企業產品上。我很喜歡使用「探索客戶計畫」的原因之一，在於我覺得它很實用，而且可以有效定義產品與市場適配。當我們在某個目標市場找到 6 個參考客戶時，通常就表示我們已經達到產品與市場適配了。

切記，產品與市場適配並不表示你已經完成產品開發了，這時距離產品開發完成還早呢！我們在往後幾年還會持續改進產品。不過，一旦找到 6 個參考客戶，我們就可以積極有效地把那個產品推銷給那個市場的其他客戶。因此，每個參考客戶都是一個重要的里程碑。例如，對 B2B 公司來說，為某個目標市場找到六個參考客戶，可能是產品部門最重要、最有意義的商業成果，也是真正值得慶祝的事情。

第 40 章

產品經理側寫：Microsoft 的羅倩科

1993 年，WORD 6.0 是 Microsoft 開發軟體以來，就功能來說，最大規模的版本釋出。除了各種新功能以外，產品團隊還有一個很大的目標。Microsoft 程式庫相當分散，若要為不同的平台（Windows、DOS、Mac）各別推出 WORD 的話，拖的時間會很長，成本也很高昂。所以這次程式彙整是為了幫 Microsoft 節省大量的開發時間，也是為了改進 WORD 這個產品，因為這樣一來每個平台上的 WORD 都有相同的功能。

這也表示，開發團隊承受著很大的發布壓力，他們必須盡快發布新版本才能享有單一版程式庫的效率。當時，Mac 版的 WORD 市場還很小。相對於當時規模逾 10 億美元以上的 Windows 版本，Mac 版的市場規模僅 6,000 萬美元。如果你還記得，當時 Windows 版的機器是市場主流，Apple 仍前途未卜。但 Mac 社群很熱中於發表意見，裡面有一群死忠的 Mac 愛好者，對 Microsoft 幾乎沒什麼好感。

當時 Power Mac 電腦剛上市，內建更快的晶片和更多的記憶體。WORD 產品團隊的多數成員都使用這款新電腦，因為早期的 WORD 6.0 測試版裝在一般麥金塔電腦上跑太慢了。當然，多數的麥金塔用

戶還沒改用新的 Power Mac，他們仍使用一般的麥金塔電腦。那個年代硬體升級的週期比現在緩慢很多。所以，Microsoft 釋出「為 Mac 設計的全功能文書處理器」時，WORD 6.0 在用戶的麥金塔電腦上是以龜速運行，光是啟用程式就需要 2 分鐘。

麥金塔用戶馬上到社群裡發文抱怨，說 Microsoft 試圖「扼殺麥金塔」。用戶不滿的抱怨信如雪片般湧入 Microsoft，還有很多人是直接寫電郵到比爾・蓋茲的信箱。蓋茲把那些信都轉給產品團隊，並附上「這是在打壓 Microsoft 股價，快改進。」那時公司指派剛從史丹佛大學畢業的年輕產品經理羅倩科（Martina Lauchengco）負責扭轉局面。

產品團隊很快就發現，統一共用程式庫雖然是可取的目標，但是如果開發出來的產品不好，成果根本毫無意義。此外，用戶之所以選擇某種裝置和平台，是因為他們在乎那些不同的點，而不是共同點。從顧客的角度來說，他們寧可為了更好的 Mac 平台專用方案等久一點，也不想用同時推出的通用型跨平台方案。最後，產品團隊把焦點放在效能上，善用麥金塔的功能。他們特別注意麥金塔電腦是何時及如何載入字體，因為麥金塔用戶使用的字體通常比 Windows 用戶多出許多，並確保所有的麥金塔鍵盤快捷鍵依然適用。他們也注意到字數統計功能（每個媒體從業人員每天會使用這個功能 10 次），確保該功能快速運作，因為媒體工作者是使用這功能來衡量績效。他們甚至把字數統計功能改得比 Windows 上還快。

2 個月後，他們向每位註冊的用戶寄出 6.1 版並附上道歉信，信末有羅倩科的署名，還有未來購買產品的折價券。新版的釋出也成功拯救了 Microsoft 的形象危機，但更重要的是，新版真的為麥金塔用戶

大幅改善效能。那是 Mac 團隊真正感到自豪的產品，也是他們覺得當初應該一開始就推出的產品。

這個例子充分說明了為用戶做正確的事情有多困難，那往往需要承受很大的壓力，但優秀的產品經理懂得如何處理這種棘手的狀況。在後續幾年，Microsoft 不僅再次決定分散程式庫，他們後來乾脆把不同平台的產品團隊安置在不同的大樓及事業單位中，讓 Mac 平台的團隊可以完全接納 Mac 的一切。策略上，這是徹底的 180 度大轉彎。

我們很難評估這件事對 Microsoft 和 Apple 有重要。即便是今天，二十多年過去了，許多公司和消費者使用麥金塔電腦辦公及私人運用時，仍認為 WORD 和 Office 的其他程式是絕對必要的。當時的改變，如今對 Apple 和 Microsoft 來說都是價值數 10 億美元的雙贏方案。現在全球有 10 億台以上的麥金塔和個人電腦執行 Office。

羅倩科離開 Microsoft 後，在產品管理及產品行銷方面開創了精彩的職涯。他先去了網景，負責網景瀏覽器的行銷；接著到響雲（LoudCloud）。如今他在我創立的 SVGP 裡任職，成為我的合作夥伴已經十幾年了。他也在加州大學柏克萊分校傳授行銷學。

我想再補充一點，擅長行銷又精通產品管理的人才非常強大，很難找到比他們更卓越的人才了，這樣的才華組合非常驚人。

探索構思技術

概述

　　激發產品創意有多種技術，我幾乎沒有不喜歡的構思技術。不過，對我來說更重要的問題是：「如何產生真的可能解決問題的概念，以解決領導者要求的棘手商業問題？」值得注意的是，在絕大多數的公司裡（不是擅長開發產品的公司），產品團隊不太構思產品。那是因為，管理高層把產品路徑圖上的優先要務當成概念交給產品團隊處理，那些優先要務大多來自大客戶或潛在顧客的要求，或是來自公司的利害關係人或高管。不幸的是，這些概念的品質通常不是我們想要。

　　一般來說，公司要求產品團隊解決實際的商業問題，不是直接給他們解方，而且如果產品團隊做好本分，經常和實際的

如何產生能真正解決問題的概念，以解決領導者要求我們關注的棘手商業問題？

用戶及顧客直接互動，那要獲得夠多、夠好的產品創意都不是問題。

我提供一些自己喜歡的技術，這些技術經常為團隊提供非常有前景及相關的產品創意。不過，有個重要的但書：使用這些技術時，你會對發現的很多創意概念感到興奮，但那不表示應該把它們打造出來。多數情況下，那些概念還需要測試，確保對顧客是有價值、又實用的，是工程師可以打造、對公司的事業也是可行的。

第41章

顧客訪談

　　顧客訪談是這本書中討論的最基本技術，我覺得不太需要納入書中，因為我相信產品經理已經知道怎麼把這件事情做好，也經常這麼做了。然而，事實並非如此。又或者，即使真的有顧客訪談，產品經理也不在場，所以產品經理並未深入體會顧客的想法，或認真重視顧客的意見（參見探索原則第 10 條提到的「共同學習」）。對任何產品經理來說，顧客訪談無疑是最強大、最重要的技能之一，也是許多突破性產品創意的來源或靈感出處。稍後，我們討論從質化角度測試產品概念時，這些技巧是必備的先決條件。

　　顧客訪談有很多形式，不是單一的技術。有些訪談是非正式的，有些比較正式。有些背後有用戶研究方法為基礎（我最喜歡的是脈絡訪查〔contextual inquiry〕），有些訪談則是純粹走出辦公室去了解你不知道的事情。但是在每次用戶或顧客互動中，我們總是有機會了解一些寶貴的見解。以下是我一直努力去理解的：

- 你的顧客真的如你所想的那樣嗎？
- 他們真的為你認為的那些問題苦惱嗎？
- 顧客如今怎麼解決那個問題？

> 顧客訪談無疑是最強大、最重要的技能之一，許多突破性產品創意的來源或靈感出自於此。

● 你需要怎麼做，他們才願意改用你的產品？

現在有很多方法可以得到這些答案，如果能找到用戶研究員，通常可以跟他們一起探索。以下是把握這些學習機會盡量充實知識的一些秘訣：

1. **頻率**。建立定期的顧客訪談，這不該是久久做一次的活動。每週至少要做 2、3 小時的顧客訪談。

2. **目的**。訪談期間，不是要你用任何方法證明什麼，你只是想迅速了解及學習。這種心態非常重要，你必須真誠。

3. **招募用戶和顧客**。後面討論易用性測試技術時，我會深入討論。這裡講的重點是，你的訪談對象應該選目標市場的顧客，訪談時間約 1 個小時。

4. **地點**。在顧客的原生環境裡看到顧客總是令人訝異，光是觀察他們的環境就可以學到很多東西。但是在某方便的地點跟他們見面，或是邀他們到辦公室受訪也可以。如果你必須透過視訊進行訪談，那個效果就沒那麼好，但是遠比完全不做好。

5. **準備**。事先搞清楚你覺得顧客遇到什麼問題，並思考你要怎麼證實或反駁那點。

6. **誰該參與**。我喜歡的模式是讓團隊裡的 3 個人參與訪談：產品經理、產品設計師、團隊裡的工程師（每位工程師輪流出席訪談）。訪談通常是由設計師發問（因為他們通常受過這方面的訓練），產品經理做筆記，開發人員仔細觀察。

7. **訪談**。努力讓訪談保持自然、且非正式，問一些開放式的問題，

想辦法知道他們現在過得
如何（而不是他們希望過
得如何，雖然那也很有趣）。

這 1 小時的訪談是投資報酬率很高的活動。

8. **事後**。跟同仁一起匯報，確定你們聽到的東西一樣，有同樣的
心得。如果你在訪談中對顧客做出任何承諾，事後一定要記得
履行。

我認為這 1 小時的訪談投資報酬率很高。了解那些關鍵問題的答
案很重要。不過，我也很喜歡趁顧客訪談的機會測試一些產品創意。
但必須在得知那些關鍵問題的答案後才做測試，這是我不想錯過的好
機會。

稍後我們談到測試易用性和價值時，你會看到測試的技術。現在
你只要知道，訪談完成不是結束，你還可以接著對用戶測試最新的產
品概念。

第 42 章

禮賓測試技術

　　禮賓測試是我最愛用來快速激發優質產品概念的技術之一，同時也可以培養對顧客的了解及同理心。了解並設身處地為顧客著想，這樣做對於激勵團隊及推出強大的解決方案很重要。

　　禮賓測試（concierge test）是種存在已久、但非常有效的技術，只是名稱比較新穎。其主要概念是，我們親手為顧客完成他們的任務。就好像你在旅館裡找上禮賓部，詢問他們能不能幫你買幾張熱門戲劇的門票一樣。你其實不知道禮賓部怎麼幫你買到那些門票，但你知道他幫你做了事。

　　使用這個技術時，你就成了禮賓部。你幫用戶或顧客完成需要做的事情，你可能需要先請他們訓練你，但你幫他們辦事時，是設身處地為他們完成。這和花時間與客服人員相處很像，但不太一樣。客服人員也是寶貴的產品創意來源，但他們是在顧客打電話來抱怨問題時協助顧客。禮賓測試需要去實際的用戶和顧客那裡，請他們示範如何做業，這樣你才能學會如何做他們的工作，從而想辦法提供他們更好的方案。

　　如果你是打造一種**顧客支援產品**，產品用戶可能是自家公司的員

工，使用的技術是一樣的——去請那些同事教你如何做他們的工作。就像「共同學習」的原則一樣，當產品經理、產品設計師、工程師可以一起進行禮賓測試時，效果最好。

禮賓測試需要到實際用戶和顧客那裡，請他們示範如何工作，才能學會如何做他們的工作，從而想更好的方案。

第43章

顧客不當行為的力量

歷史上，優秀的團隊主要是使用 2 種方法來創造產品機會：

1. 評估市場機會，並挑選有利可圖又有顯著痛苦存在的領域。

2. 看技術或資料能實現什麼（最新技術可以做什麼），然後去找
   對應的顯著痛苦。

你可以把第一種方法想成「追隨市場」，把第二種想成「追隨技
術」。兩種方法都可以幫你找到致勝的產品。不過，如今一些最成功
的公司已經改採第三種方法，雖然那種方法不是每家公司都適用，但
我認為那是很強大的技術，是這個產業仍未充分利用、又低估其效用
的技術。第三種技術是允許、甚至鼓勵顧客使用我們的產品去解決不
是我們預設的問題。

我的多年好友邁克・費雪（Mike Fisher）寫了一本書，名叫《顧
客不當行為的力量》（*The Power of Customer Misbehavior*）這本書是從
病毒式成長的觀點來敘述 eBay 和 Facebook 的故事，不過書裡也提到
其他很好的實例。

eBay 從草創時期，就設立一個「其他一切」的類別。那是讓買賣
家去交易 eBay 員工意想不到的東西。雖然我們已經設想得很廣了（已

有數千個產品類別），但一些最大的創新和驚喜其實來自密切追蹤顧客想做什麼。

這個技術允許、甚至鼓勵顧客使用我們的產品解決不是我們預設的問題。

　　eBay 很早就意識到，最好的創新大多是出現在這個「其他一切」類別。我們盡一切所能鼓勵用戶使用 eBay 市場買賣任何東西。雖然那個市場最初的設計初衷是為了促進電子產品和收藏品之類的交易，但不久大家開始交易音樂會門票、藝術品，甚至汽車。如今，驚人的是，eBay 竟然是全球最大的二手車買賣公司之一。

　　你可能想到，「安心地購買汽車及交車」和「購買一張只在某晚有效、之後就一文不值的門票」有顯著的差異。但是，那些交易需要等需求確立以後才能成立，而需求確立需要先允許顧客以產品團隊及公司始料未及的方式交易。

　　有些產品團隊，看到顧客用他們的產品來做意料之外的事時很生氣。這種不滿通常跟支援義務有關。不過，我的建議是，這個特殊案例很有策略性，很值得投資來支持。如果你發現顧客以你沒料到的方式使用你的產品，那可能是非常寶貴的資訊。你可以深入研究一下，了解他們想解決的問題，以及為什麼他們認為你的產品適合那樣做。你經常這樣做時，很快就會從眾多案例中看出型態，可能也會發現很大的產品機會。

深入閱讀 | 開發人員不當行為的力量

開發人員是創新產品概念的最佳來源之一。

雖然 eBay 的例子是針對最終用戶（買家和賣家）設計的，那個概念也促成了另一個趨勢：利用程式設計介面（公共 API）來公開產品的部分或全部服務。有了公共 API，你其實是在對開發人員的社群說：「這些是我們可以做的事情，或許你們可以利用這些服務去做我們意想不到的巧妙事情。」

Facebook 的平台策略就是很好的例子。他們開放了社交圖譜（social graph），以發掘開發人員可以善用資產去做什麼事。

長久以來我一直很喜歡把公共 API 納入公司產品策略的一部分。我覺得開發人員是創新產品概念的最佳來源之一。開發人員最了解現在的技術可能做什麼，很多創新都是由那些觀點激發出來的。

第 44 章

創意日

創意日（hack days）有許多變型，本章描述我最喜歡的一種技術，可以為了某個迫切的商業或顧客問題，迅速獲得多種潛力十足的創意概念。

創意日分兩種主要類型：有方向的、無方向的。在**無方向**的自由創意日中，參與者可以探索他們喜歡的任何產品創意，只要概念至少跟公司的使命有關就行了。在**有方向**的創意日中，則有一個顧客問題（例如，某種東西真的很難學會，或是需要花很久時間）或指定的商業目標（例如「減少顧客流失率」或「增加顧客終身價值」）。公司要求產品團隊的人自行組織及開發概念，以實現那個目標。創意日的目標是讓自行組織的團隊探索他們的創意概念，開發出可衡量的某種原型，並在情況合宜下，對實際的用戶進行測試。

這種有方向的創意日有兩大效益。第一是很實用，因為這樣做可以在概念的構思期間就納入工程師。我在這本書多次提到，許多最好的創意概念是來自團隊中的工程師，我們需要確保工程師加入構思流程。而且，應該讓這種事情持續發生，這個技術可以確保這點。第二個效益是，這是我最喜歡用來打造傳教士團隊、而非傭兵團隊的技

術之一。這種情況下，工程師可以更深入了解商業情境，在創新方面發揮更大的效用。

創意日是我最喜歡用來打造傳教士團隊、而非僱傭兵團隊的技術之一。

探索原型技術

概述

　　早在我們應用技術解決問題之前，各式各樣的原型就已經存在很久了。圖靈獎得主、《人月神話》（*The Mythical Man-Month: Essays on Software Engineering*）作者——佛瑞德·布魯克斯（Fred Brooks）有句名言：「你要有扔掉原型的打算，總之，你一定會扔掉的。」

　　那句名言是 1975 年第一次提出，儘管事隔多年，很多東西都變了，尤其開發原型及測試原型的工具和技術都已經突飛猛進，但那句話現在看來依然跟首度發表時一樣有道理。不過，我看到不少團隊對「原型」這個詞仍有很狹隘的理解，連一些意見領袖也那麼想。我追問他們時，常發現他們把「原型」這詞和第一次接觸的

要有扔掉原型的打算，總之，一定會扔的。

原型類型聯想在一起。如果你第一個看到的原型是用來測試實行性，你會一直以為原型就長那樣。例如，第一個看到的原型是用來做易用性測試，你對原型的印象就是如此。

但原型其實有很多種不同的形式，每一種都有不同的特色，適合測試不同的東西。沒錯，有些人因為使用錯誤的類型去做測試而陷入麻煩。在這篇概述中，我會介紹原型的幾種主要類型，並在後續的章節中逐一深入介紹每種類型。

實行性原型

實行性原型是工程師在產品探索流程中寫出來的程式碼，目的用來測試技術實行性風險——在我們判斷那個概念是否有商業可行性之前。有時，工程師是為了試驗新技術，有時那是一種新的演算法。那通常是為了評估績效，做法是請開發人員編寫足夠的程式碼來測試實行性風險。

用戶原型

用戶原型是一種模擬。用戶原型有很多種，從刻意讓它看起來像紙上速寫的線框稿（稱為「**低擬真原型**」），到看起來及感覺起來都像真實商品、難以辨識真假的東西（稱為「**高擬真原型**」）都算是原型。

即時資料原型

即時資料原型解釋起來稍微複雜一點，但在幾種情況下，這是非常重要的工具。即時資料原型（live-data prototype）的主要目的是為

了收集實際的資料，以便證明某事或至少收集一些證據——通常是為了確定某個概念（功能、設計方法、工作流）是否真的可行。這通常意味著兩件事。第一，我們需要原型讀取即時資料來源。第二，我們必須推送即時流量給原型，以便獲得一些實用的資料。

　　關鍵在於，我們不想為此打造、測試、部署商業上可行的產品，因為那樣做太花時間、成本太高，而且會產生大量的浪費。相較於打造商業上可行的產品，使用即時資料原型的成本只要一點點，這也是這個工具如此強大的原因。

混合原型

　　此外，還有許多混合式的原型，結合不同類型的多個面向。例如，研究搜尋和推薦功能時，關注的是相關性，這時原型需要讀取即時資料來源，但不需要推送即時流量。這種情況下，我們並沒有要證明任何東西，但從觀察以及和用戶討論結果中可以學到很多東西。記住，產品探索是為了以最快、最便宜的方式來測試概念。所以，應該視概念和情況，挑選最符合需求的原型類別。雖然每個人都有最喜歡的類型，但如果你是和優秀的產品團隊競爭，就需要精通每種類型。

第45章

原型的原則

如前面所言,原型有多種形式。最佳選擇取決於你正在處理的風險和產品類型。但各種形式的原型都有一些共同的特點和優點。以下是使用這些原型的 5 個關鍵原則。

1. 原型不分形式,首要目的都是為了用比打造產品更少的時間和心力來學習一些東西。各種原型花費的時間和心力只能是打造最終成品的一小部分。

2. 了解任何原型的關鍵效益之一,是迫使你從更深入的層面去思考問題,而不是只談論或寫下一些東西。這也是為什麼打造原型可以暴露一些原本得到開發後期才會發現的大問題。

3. 同樣的,原型也是讓團隊協作的強大工具。產品團隊的成員和事業夥伴都可以體驗原型、培養共識。

4. 「擬真度」(fidelity)有多種層級。擬真主要是指原型的逼真程度。沒有恰到好處的擬真度這回事,有時原型不必逼真,有時原型需要很逼真。你的原則是為想要的目的打造合適的擬真度,我們也知道打造低擬真度的原型比高擬真度更快、更便宜,所以只有在必要時才打造擬真度較高的原型。

5. 原型的主要目的是處理產品探索流程中的一個或多個產品風險（價值、易用

原型不分形式，目的是為了用比打造產品更少的時間和心力從中學習。

性、實行性、或商業可行性）。不過，原型可以提供第二種效益，亦即和工程師、和組織的其他部門溝通需要打造什麼。這通常稱為「原型規格」（prototype as spec）。正常來說，使用原型就足以和其他人溝通了。但在某些特殊情況，像是工程師不是同處一地或產品特別複雜時，原型之外可能還需要補充額外細節（例如使用案例、商業規則、驗收標準）。

第 46 章

實行性原型技術

　　多數時候，工程師會檢查產品概念，然後告訴你實行性沒問題，那是因為他們可能已經做過很多類似的東西。但有些情況下，工程師可能發現解決某個問題涉及重大的實行性風險。常見的例子包括：

- 演算法問題
- 性能問題
- 擴展性問題
- 容錯度問題
- 使用團隊沒用過的技術
- 使用團隊沒用過的第三方組件或服務
- 使用團隊沒用過的舊有系統
- 依賴其他團隊的新改變或相關改變

　　處理這類風險的主要技術，是由一個或多個工程師打造一個**實行性原型**（feasibility prototype）。實行性原型由工程師打造，因為那通常以程式碼的形式呈現（不像多數原型是為了讓產品設計師使用，而以特殊用途的工具打造出來）。實行性原型離可上市的產品還很遠，目的是只要寫足夠的程式碼來減少實行性風險就好，那通常只占實際

成品的一小部分。

此外，多數情況下，實行性
原型只是一次性的程式碼，所以

實行性原型只要寫足夠的程式碼來減少實行性風險就好了。

快速弄出一套隨性的程式碼就夠了。目的是為了收集資料，例如為了顯示性能可否接受。這種原型通常沒有使用介面、錯誤處理，也不會涉及產品化的典型任務。

根據我的經驗，打造實行性原型通常只需要 1、2 天的時間。如果你正在探索一種主要新技術（例如利用機器學習技術的新方法），完成實行性原型可能需要花更長的時間。實行性原型需要花多少時間是由工程師估計，但團隊是否要花時間做原型，則是由產品經理判斷那個概念是否值得執行。他可能會說，解決問題的其他方法並沒有技術實行性風險，因此他寧願跳過那個概念。

雖然實行性原型由工程師負責打造，但那屬於產品探索流程，而不屬於產品交付流程。目的是為了決定要不要採行某種方法或概念的部分過程。根據以往經驗，我看過很多團隊沒有充分考慮實行性風險就進入交付流程。每次你聽到產品團隊嚴重低估構建及交付某產品的工作量時，根本原因通常是他們未充分考慮實行性風險。這可能是工程師在評估實行性風險方面經驗不足，或是工程師和產品經理對需要的東西不夠了解，或產品經理沒有給予工程師足夠的時間去深入探索。

第47章

用戶原型技術

用戶原型（user prototype）是產品探索流程中最強大的工具之一，是一種模擬，一種擬真模式。換句話說，如果你是為電子商務網站打造用戶原型，你可以輸入信用卡資料無數次，但不會買到任何東西。

用戶原型有很多種。一種極端是低擬真度的用戶原型，看起來不像真的，基本上只是互動式線框稿。許多團隊以這種原型來協助團隊內部的產品思考，但它也有其他的用途。不過，低擬真度的用戶原型只代表產品的一個維度（資訊與工作流），完全看不到視覺設計的影響或實際資料造成的差異（這裡只舉兩個重要的例子）。

另一種極端是高擬真的用戶原型。高擬真的用戶原型仍是一種模擬，但看起來和感覺起來都很逼真。事實上，很多出色的高擬真用戶原型還需要你仔細觀察，才能看出它不是真品。你看到的資料也很真實，但不是即時的，可見它還沒上線。

以電子商務網站的用戶原型為例，我用原型來搜尋某類越野單車時，系統總是回應相同的越野單車選項。但如果仔細看搜尋結果，會發現那其實不是我想找的單車。就算輸入價格範圍或特定款式，系統總是回應同一套單車選項。

如果你想測試搜尋結果的相關性，這個原型就不適合做測試。但如果你想獲得良好的整體

購物體驗，或想知道顧客能以什麼方式搜尋越野單車，這個原型可能已經足夠，而且可以迅速、輕鬆打造出來。

打造用戶原型的工具很多，不同類型的裝置和不同等級的擬真度可用不同的工具打造出來。那些工具主要是為產品設計師開發的。事實上，產品設計師一定有一種或數種最愛的用戶原型工具。有些設計師喜歡自己寫程式打造高擬真度的用戶原型，只要他們打造原型的速度很快，而且願意把原型視為拋棄型的工具，那也沒關係。

用戶原型的最大限制，是無法證明任何東西，例如證明產品能否暢銷。很多產品開發新手常犯的錯誤是，打造高擬真度的用戶原型，然後展示在 10 到 15 個人面前，他們認為只要大家都喜歡那個原型，這樣就算驗證過產品了，但遺憾的是，產品開發不能用這種驗證方式。若要驗證價值，有更好的技術可以驗證，所以應該了解用戶原型不適合做什麼。

這是產品團隊最重要的技術之一，產品團隊應該多培養打造各種擬真度用戶原型的技能和經驗。在後面章節中，會看到用戶原型是幾種驗證類型的關鍵，也是產品團隊最重要的溝通工具之一。

第48章

即時資料原型技術

　　有時為了解決產品探索流程中發現的主要風險，需要收集一些實際的使用資料。但我們必須在花時間和成本去打造可擴展、又可上市的產品之前，先在探索流程中收集這些證據。我最喜歡的一些例子，是有關遊戲的動態、搜尋結果的相關性、許多社群功能和產品漏斗（product funnel）任務。這就是即時資料原型的目的。

　　即時資料原型（live-data prototype）是種非常有限的實作。通常沒有產品化的必要組件，例如完整的使用案例、自動化測試、完整分析工具、國際化和在地化、性能和可擴展性、SEO 工作等等。即時資料原型遠比最終成本小，而且在品質、性能、功能方面也遠不如最後成品，它需要有足夠的執行力以便為特定的使用案例收集資料，目的僅此而已。

　　打造即時資料原型時，工程師不會處理所有的使用案例，不會處理國際化和在地化，不會處理性能或可擴展性，不會設計自動化測試，他們只會納入測試特定使用案例所需的工具。即時資料原型只占產品化的一小部分（根據我的經驗，約占最終交付產品化工作的 5% 到 10%），但你可以從中獲得很大的價值。不過，你確實需要謹記 2 大

限制：

- 這是程式碼，即時資料原型是由工程師打造的，而不是由設計師打造的。

即時資料原型能夠傳送有限的流量，針對即時資料原型的使用方式收集分析資料。

- 這不是可以上市、完整的產品，無法靠它來經營事業。所以，如果即時資料測試進行順利，決定繼續邁向產品化，你需要給工程師時間完成必要的交付任務。這時如果產品經理告訴工程師「已經夠好了」，那是絕對不行的。夠不夠好不是由產品經理來判斷。產品經理需要確保重要的管理高層及利害關係人也了解這些限制。

如今，打造即時資料原型的技術非常先進，往往可以在 2 天到一週內就拿到。一旦有了原型，可以開始快速地反覆開發。稍後會討論量化的驗證技術，你會看到使用這種即時資料原型的不同方法。但現在只要知道，它是能夠傳送有限的流量，並針對這些即時資料原型的使用方式來收集分析資料就好。更重要的是，實際用戶能使用即時資料原型做實際的工作、創造出實際的資料（分析資料），我們可以拿這些資料和現有的產品（或預期）做比較，看新方法是否效果更好。

第 49 章

混合原型技術

目前為止，探索了用戶原型（亦即純粹的模擬）、為了解決技術風險的實行性原型、為了針對產品或概念的效果而收集證據或有統計意義證明的即時資料原型。這三種原型已經足以應付多數情況，但有多種混合原型也以不同的方式結合了這些原型的不同面向。

我最喜歡的混合原型例子之一，也是在產品探索流程中可以幫團隊迅速學習的強大工具，如今常稱為「綠野仙蹤原型」（Wizard of Oz prototype）。綠野仙蹤原型結合了高擬真度用戶原型的前端用戶體驗和幕後真人的手動操作（在最後成品中，幕後是自動化處理）。

要注意的是，綠野仙蹤原型絕對無法擴展的，絕對不會把大批流量送入這種原型中。但是好處是，產品團隊可以迅速輕鬆地完成；對用戶來說，原型的好處是外觀及運作都跟真實的產品很像。

例如，假設你為顧客設計聊天型的客服，但那功能只有在客服人員上班時才啟動。你知道顧客來自全球各地的各個時區，所以你想開發一套自動化的聊天式客服系統，全天候為顧客提供實用的回應。你可以、也應該去訪問客服人員，以了解他們經常收到哪些詢問以及如何回應（**禮賓測試**可以迅速了解這點）。不久你會克服這種自動化客

服功能的挑戰。

一種迅速學習及測試多種做法的方式，是打造一個綠野仙蹤原型，提供簡單的聊天介面，但幕後由你（產品經理）或團隊的其他成員操作，負責接收詢問及編寫回應。不久，我們開始測試系統生成的回應，甚至可以使用演算法的即時資料原型。

產品探索的理念是為了「**打造無法擴展的東西**」，混合原型可說是這種理念的絕佳例子。只要動點巧思，就可以迅速輕鬆地打造出讓我們快速學習的工具。當然，這主要是「質化」的學習，但最重要的見解通常就是來自這種地方。

產品探索的理念是為了「打造無法擴展的東西」，混合原型可說是這種理念的絕佳例子。

探索測試技術

概述

在產品探索中，為了解決管理者指派的商業問題，會想迅速去蕪存菁多種創意概念。但那究竟意味著什麼？思考產品探索流程中，必須回答 4 類問題：

1. 用戶或顧客會想要使用或購買這個產品嗎？（**價值**）

2. 用戶知道如何使用這個產品？（**易用性**）

3. 我們有辦法打造出這個產品嗎？（**實行性**）

4. 這個方案對公司的事業可行嗎？（**商業可行性**）

切記，比起我們之後做的很多事來說，這些問題大多直截了當，風險也低。你的團隊很有信心，他們經驗豐富，解決

這類問題很多次了，所以我們會繼續邁入交付流程。然而，產品探索的主要活動，是發生在上述

問題的答案不是那麼明顯的時候。這些問題沒有固定的回答順序。但許多團隊有自己的一套邏輯。

首先，我們通常會評估價值。那也是最難回答、也是最重要的問題。如果價值不存在，其他的問題都無關緊要了。我們可能需要在用戶或顧客意識到價值之前，先回答易用性問題。無論是哪種情況，通常是同時找同樣的用戶和顧客來評估易用性和價值。一旦確定產品概念是顧客認為有價值的東西，我們也可以設計出用戶覺得容易使用的東西，接著通常會找工程師來，從他們的技術實行性觀點來判斷他們能不能做出產品。

如果實行性也沒問題，接著需要把產品概念展示給事業的主要部門，他們可能會有一些顧慮（例如法務、行銷、業務、執行長等等）。我們往往會最後才處理這些商業風險，也就是等到確信這東西有價值，否則不會驚動整個公司。此外，有時倖存下來的概念與原始想法不太一樣，那些原始想法可能來自事業上的利害關係人。如果你可以讓利害關係人看一些證據，顯示顧客覺得什麼可行、什麼不可行，以及你如何得到那些證據的，那會更有效果。

第 50 章

測試易用性

　　易用性測試是探索測試中最成熟、最直接的形式。已經存在多年，如今工具變得更好，產品團隊也比以前更常做這種測試，而且這也不是精密的科學。如今的主要差別在於，我們是在探索流程中使用原型來做易用性測試，是在打造產品之前，而不是等到產品開發的最後才做，那時要修改任何問題為時已晚，會造成很大的浪費或甚至更糟的情況。

　　如果你的公司夠大，有自己的用戶研究群組，一定要盡量為團隊爭取用戶的時間。即使無法撥出很多時間也沒關係，這些人通常是很棒的資源，可以結識這群體，對你會大有幫助。如果公司已經撥了一筆外部服務款項，你可以找外部的用戶研究公司幫你做測試。但以多數外部公司的收費來看，產品需要做許多的易用性測試，你可能負擔不起測試費用。如果你跟多數公司一樣，資源很少，資金更少，你也絕對不能因此不做這類測試。本章就是教你如何自己做這類測試。

　　你不會像訓練有素的用戶研究人員那樣精通易用性測試，至少一開始是這樣。你要做過幾次以後才會掌握竅門，但多數情況下，你會發現還是可以從產品中找到嚴重的問題及缺點，那才是最重要的。有

很多書解說了如何做非正式的易用性測試，這裡我就不再贅述，只提出一些要點：召集幾位參試者。如果你是請用戶研究小組做測試，他們可能會幫你招募及安排用戶這個大忙。但如果你得自己找，你有幾種選擇：

- 如果你已經建立前面描述的「探索客戶計畫」，你已經準備就緒了，至少為企業開發產品的情況是如此。如果你是開發消費品，你只需要再找一群參試者來搭配那個群體。

- 你可以上 Craigslist 網站刊登廣告找人，或使用 Google AdWords 找用戶來做搜尋引擎行銷（SEM）活動（如果你想找目前正想要使用你那種產品的用戶，這種方法特別適合）

- 如果你有用戶的電郵清單，可以從裡頭挑選對象。產品行銷經理可以幫你縮小範圍。

- 你可以在公司網站上招募志願者，現在很多大公司這麼做。切記，你仍需要造訪及篩選這些志願者，以確保你挑選的人符合目標市場。

- 你可以隨時造訪用戶聚集的地方。如果你是開發商務軟體，可以去秀展；開發電子商務網站，可以去購物中心；開發夢幻運動遊戲，可以去運動酒吧，大致上是這樣。如果你的產品是為了滿足真正的需求，你通常可以輕易找到人願意播出 1 小時來做測試。別忘了準備一些謝禮。

- 如果你需要請用戶到你的地盤做測試，可能要提供他們車馬費及時間補貼。我們通常是安排在雙方都方便的地點見面，例如星巴克。這種做法非常普遍，所以常稱為星巴克測試（Starbucks testing）。

準備測試

- 我們通常使用高擬真度的用戶原型來做易用性測試。使用低擬真度或中擬真度的用戶原型，也可以得到一些實用的易用性意見。但是由於易用性測試之後常緊接著做價值測試，我們需要使用逼真一點的原型。（稍後說明原因）

- 多數情況下，做易用性和價值測試時，是由產品經理、產品設計師、團隊中的 1 名工程師（由喜歡這類活動的工程師參加）一起參與。我喜歡讓工程師輪流參加這種活動，前面提過，神奇的事情往往發生在工程師在場的時候，所以我會盡量鼓勵他們參加。如果你有一個用戶研究員幫忙做實際的測試，他通常會負責進行測試，但每次做測試時，產品經理和設計師一定要在場。

- 要提前定義你想測試的一套任務。通常，那些任務很顯而易見。例如，你想為行動裝置上打造鬧鐘 app，用戶接受測試時，需要做的事情包括：設定鬧鐘、找到及按下鬧鈴按鈕等等。可能還有一些比較不明顯的任務，但測試的焦點最好是放在主要任務上——亦即用戶最常做的事情。

- 有些人仍認為，產品經理和產品設計師太熟悉產品，所以無法客觀地做這類測試；測試結果可能令他們大失所望，或只聽到他們想聽的意見。我們是以兩種方式來克服這個障礙：首先，訓練產品經理和設計師，教他們如何做好測試；第二，確保測試迅速進行，以免他們過於沈溺於自己的產品創意。好的產品經理知道，他們一開始的產品概念可能不對，沒有人一次就掌

握最適合的產品。他們知道從這類測試中學習是打造成功產品的最快途徑。

- 你應該安排一個人進行易用性測試，安排另一人做筆記。至少再安排一人於測試結束後彙報資料，以確保你們都看到一樣的東西並得出一樣的結論。

- 正式測試的實驗室通常設有雙向鏡或閉路錄影機，以便錄下螢幕以及從正面錄下用戶操作的樣子。能有這些裝置當然很好，但我在星巴克的小桌子上測試過無數的原型，那張小桌子只夠圍坐著三、四張椅子。事實上，這種方式還比測試實驗室更好，因為用戶比較不會覺得自己是實驗對象。

- 客戶的辦公室也是效果不錯的測試環境。那樣做可能很耗時間，但即使在客戶的辦公室只待 30 分鐘，也可以發現許多資訊。客戶在自家辦公室裡，往往變得很健談。此外，那裡充滿各種線索，提醒他們如何使用產品。你也可以從客戶辦公室內部細節得到很多訊息，例如螢幕多大？電腦及網路連線速度多快？他們如何跟同事溝通工作任務？

- 有一些工具可以從遠端做這類測試，我也很鼓勵產品團隊這樣做。但那些工具主要是為了易用性測試而設計的，不是為了接下來的價值測試設計的。所以，我把遠端進行的易用性測試視為一種補充方案，而非替代方案。

測試原型

現在原型準備好了，參試者都安排好了，測試任務和問題也準備妥當了，底下是執行測試時的一些秘訣和技巧。在開始測試以前，先

找機會了解用戶怎麼看待這問題。如果你還記得「顧客訪談技術」的關鍵問題，我們想知道的是，用戶或顧客是否真的為你所認為的問題苦惱；他們現在怎麼解決這個問題；你需要怎麼做，他們才願意改用你的產品。

- 第一次開始做易用性測試時，一定要告訴參試者這只是原型，早期的產品概念，不是真實的產品。接著，說明當他坦率說出意見回饋時，無論意見是好是壞，你都不會難過。你只是用原型測試概念，而不是測試他，所以結果不是他是否通過測試，而是原型是否通過測試。

- 在開始做測試之前，還有一點需要注意：看參試者能否從原型的登入頁面判斷出你在做什麼，尤其他們能否從登入頁面（首頁）看出什麼東西有價值或有吸引力。一旦你開始做測試，就失去了這種第一印象的訪客情境，所以不要浪費了這次機會。你會發現登入頁面對於縮小期望和產品功能之間的差距非常重要。

- 測試時，要想盡辦法讓用戶待在「使用模式」（use mode）中，抽離「批評模式」（critique mode）。重點是，用戶能否輕鬆完成需要做的任務。用戶認為頁面上的東西很醜或應該移動或更改，那些都無關緊要。有時測試人員可能會問不該問的問題，例如：「你會改變頁面上的哪三個東西？」除非那個用戶碰巧是產品設計師，不然我對他的回答不感興趣。如果用戶知道他們真正想要什麼，軟體很容易開發出來。所以，你應該多觀察他們怎麼做，而不是聽他們怎麼說。

- 測試期間，你需要學習的主要技巧是保持安靜。我們看到有人

使用不順時，會很自然有一股衝動想要協助他，你需要壓抑那股衝動。這時盡量別跟參試者交談才是你的任務，你要習慣靜默不語。

- 你要追求的是三種重要的情況：（1）用戶在毫無問題及協助下完成任務；（2）用戶掙扎及哀嚎了一下，但還是完成了任務；（3）用戶覺得太難用了，放棄任務。有時參試者很快就放棄了，所以你可能需要鼓勵他再試一段時間。但是萬一他已經覺得受夠了那東西，到了很可能改用競爭產品的地步，那就是你記錄下他真的放棄的時候。

- 一般來說，你要避免提供任何幫助，或以任何方式誘導證人（lead the witness）。如果你看到用戶上下滾動頁面，顯然是在找東西，你可以詢問他在找什麼，因為那些資訊對你很有價值。有些人要求參試者持續敘述他們當下的想法，但我發現那樣做很容易讓參試者進入批評模式，因為那不是自然行為。

- 像鸚鵡一樣覆述。這樣做有很多好處。第一是可以避免誘導參試者。如果參試者很安靜，靜到你受不了，你可以告訴他們，他們正在做什麼：「我看到你一直盯著右邊的列表。」這可以促使他們告訴你，當下他們想做什麼，正在尋找什麼，或任何可能。如果他們提出問題，不要給他們誘導性的回應，而是覆述一次他的提問。例如，他問道：「點這個會產生新的輸入資料嗎？」你可以用他的問題回他：「你想知道點這個會不會產生新的輸入資料嗎？」通常他會自己回答，因為他想要回應你的問題：「對，我覺得應該會。」這種覆述法可以避免誘導價值判斷。如果你有一股衝動想回應：「太好了！」你可以改說：

「你輸入了新資料。」此外，覆述重點也對一旁做筆記的同仁有幫助，因為他有更多的時間可以寫下要點。

- 根本上，你是想了解目標用戶如何思考這個問題，並在原型中找出軟體呈現的模式與用戶思考問題的方式不一致或不相容的地方，這就是所謂的「反直覺」（counterintuitive）。幸好，你發現這種情況時，通常不難修正，這對你的產品來說是很值得慶賀的事。

- 你會發現可以從肢體語言和語調得知很多訊息。參試者不喜歡你的概念時，他們的反應實在太明顯了；他們真心喜歡時，反應也很明顯。他們喜歡那個原型時，幾乎都會跟你要電郵，希望產品上市時可以優先知道。如果他們真的很喜歡，他們會想要提早從你那裡知道上市消息。

總結學習心得

目的是為了更深入了解用戶和顧客，當然，也是找出原型中的缺點以便修正。那些缺點可能是命名、流程、視覺設計問題或心理模式問題。不過，一旦你認為你找到問題了，就要修正原型。沒有人規定一定要用同樣的原型來測試所有的參試者。那種想法似乎是因為誤解了這類質化測試的作用。我們做這種測試不是為了證明什麼，而是為了迅速獲得心得。

每位參試者完成測試，或每次做完一套測試時，就有人（通常是產品經理或設計師）負責寫下學習摘要，並以電子郵件把它傳給產品

團隊。但不要寫長篇大論，因為長篇大論要寫很久，沒什麼人想看，而且等你發出去時已經過時了（因為原型已大幅進化，不再是當初測試時那樣）。那種長篇大論不值得任何人花時間閱讀。

第51章

測試價值

顧客沒有必要買我們的產品，用戶也不必為了使用某個功能而挑選我們的產品，他們只有在真正感受到價值時，才會那樣做。另一種思考方式是，有人能夠使用我們的產品，並不表示他就會決定使用我們的產品。你想讓顧客或用戶從使用別的產品或系統改用你的新產品時，更是如此。而且，大多時候用戶和顧客都在轉換，他們換掉的甚至可能是自己開發的方案。

太多的公司和產品團隊認為，他們只需要做出和對手勢均力敵的產品就夠了（亦即「**特性對等**」），後來卻納悶不解為何產品銷售冷清，連降價都賣不出去。顧客必須覺得你的產品遠比對手還好，才會激勵他們去買你的產品，並花心思去克服更換系統的痛苦和障礙。

我寫那麼多都是為了顯示，優秀的產品團隊是把大部分時間花在創造價值上。只要有價值存在，其他一切都可以修正。但如果價值不存在，再好的易用性、可靠性或性能都不重要。價值有幾個組成元素，有一些技術是用來測試那些元素是否存在：

測試需求

有時不確定想打造的東西是
否有需求。換句話說，即使我們
能為這個問題提出很棒的解決方

有人使用我們的產品，並不表示他因此決定
使用這產品。

式，顧客真的在乎那個問題嗎？顧客真的在乎到願意改買那個新產品
嗎？這種需求測試的概念可以套用在整個產品上，甚至套用到現有產
品的某個功能特色上。不能直接假設需求存在，雖然需求往往早就確
立了，因為我們開發的產品大多是進入既有的市場，那些市場本來就
有可衡量的明確需求。那種情況下，真正的挑戰在於能否推出價值上
明顯優於其他產品的方案。

質化的價值測試

最常見的質化價值測試，是把焦點放在**反應**上。顧客喜歡這個東
西嗎？他們願意付費購買嗎？用戶會選用它嗎？最重要的是，如果不
會，那是為什麼呢？

量化的價值測試

許多產品需要測試**功效**（efficacy），這是指產品解決根本問題的成
效。對某些類型的產品來說，這是非常客觀和量化的。例如，在廣告
技術方面，可以衡量某種廣告技術創造了多少收入，輕易比較其他的廣
告技術。但在其他類型的產品中，就無法做到那麼客觀了，例如遊戲。

第52章

需求測試技術

最大的時間和精力浪費，以及無數創業失敗的原因，是團隊設計、打造一個產品，也測試了易用性、可靠性、效能，做了他們覺得該做的一切，但發布產品時，才發現沒人買。更糟的是，產品發布後，不是「很多人搶著註冊試用，試用後才基於某些原因而決定不買」。如果是「有人搶著試用，但後來不想買」，那還有轉圜的餘地，可以想辦法解決。沒有人想註冊試用代表問題很大，往往已經回天乏術。你可能測試了訂價、定位和行銷，但最終的結論是：這不是大家很在乎的問題。

最糟的是，其實這些都可以輕易避免。我剛剛描述的問題可能發生在產品層級（例如新創公司推出的全新產品），也可能發生在功能特色層級。發生在功能特色層級的例子特別常見。每天都有很多新功能啟用，卻乏人問津。這種情況比新產品乏人問津更容易避免。

假設你正在考慮一個新功能特色，那個功能可能是某大客戶要求的，也可能是因為你看到競爭對手有那個功能，或者可能是出於執行長的個人偏好。你和團隊討論後，工程師指出實現成本很高，不是做不到，只是不容易——也就是障礙夠大，讓你不想花時間去打造出來，

以後才發現沒人用。

最花時間和精力、無數創業失敗的原因，是團隊設計及打造了產品，但發布後才發現沒人買。

這種需求測試技術稱為「**假門需求測試**」（fake door demand test），做法是把按鈕或功能項目加入我們認定的用戶體驗中，但是用戶點擊按鈕時，不是把用戶帶到新功能，而是把用戶帶到一個特殊頁面。那個頁面上會說明，你正在研究添加這個新功能的可能性，也在尋找想用這個功能的顧客以便進行討論。那個頁面也提供方法，讓用戶自願報名當參試者（例如讓用戶填寫電郵或電話號碼）。

這個方法若要發揮效果，關鍵在於一開始不能讓用戶明顯看出那是測試按鈕。這種方法的好處是可以迅速收集一些非常實用的資料，讓我們比較這個測試按鈕的點擊率和原本的預期。接著，我們可以對顧客進行後續訪問，以便更了解他們預期什麼。

同樣的基本概念也適用於整個產品。這時我們不是在頁面上加一個測試按鈕，而是為新產品的產品漏斗設置了登錄頁面。這種測試稱為「**登錄頁需求測試**」（landing page demand test）。在網頁上，我們描述的新產品就像真實推出的服務。差別在於用戶點入行動號召後，不是註冊試用（或任何行動），而是看到一個頁面解釋你正在研究增添這個新產品的可能性，如果用戶願意的話，你想跟他們討論那個新產品。

利用這兩種形式的需求測試，我們可以讓每個用戶看那個測試（適合新創公司的初期），或者只讓小部分用戶或某個地理區看到測試（適合大公司）。希望你認為這種技術很簡單，可以迅速收集 2 個非常實用的東西：

1. 需求存在的好證據

2. 一份用戶清單，上面的用戶都很樂於與你討論這個新功能。

實務上，需求通常不是問題。大家確實會報名試用，問題在於試用之後，他們不是很感興趣，至少沒有興奮到想要更換目前使用的東西。至於如何因應那種狀況，則是後續章節介紹的質化和量化技術的目的。

深入閱讀 | 在不願冒險的公司裡做探索測試

很多文章談到如何在新創公司做產品探索，我和許多人都寫過這個主題。新創公司面臨的挑戰很多，但最重要的是生存下來。

從產品的角度來看，新創公司的真正優勢之一在於沒有包袱牽累，沒有收入需要留著以後使用，也沒有聲譽需要維護。這使他們可以迅速行動，承擔重大風險，不需要顧慮太大的負面衝擊。然而，一旦你的產品發展到可以支撐事業運作時（恭喜！），你就有很多後顧之憂了，所以需要改變一些產品探索方式是很正常的。這篇文章的目標是突顯出那些差異，以及說明大企業如何修改前述的測試技術。

其他人也寫過如何在大企業中應用那些技術，但整體來說，那些建議無法讓人特別信服。他們往往建議公司建立一個受到保護的團隊，讓他們不受影響，可以自由創新。首先，這樣做對那些不屬於特殊創新團隊的人傳達了什麼訊息？對公司現有的產品

又傳達了什麼訊息？即使真
的推出有前景的東西，你覺
得現有的產品團隊對這種學

科技公司最重要的關鍵是：只要停止創新就
完蛋了。

習的接受度有多高？這是我不太支持所謂「企業創新實驗室」的
原因。

　　長久以來我一直主張，產品探索以及迅速測試和學習的技
術，絕對也適合大企業，不是只適合新創企業而已。最好的產品
公司（包括 Apple、Amazon、Google、Facebook、Netflix）都是絕
佳的例子，他們都把這種創新加以制度化了。在這些公司裡，創
新不只有少數人獲准可做的事情，而是所有產品團隊的責任。

　　不過，進一步說明之前，我想強調對科技公司最重要的一點
是：只要停止創新，你就完了。也許不是馬上完蛋，但如果你只
會改進現有的解決方案，停止創新，別人取代你是遲早的事。我
覺得科技公司必須持續推動產品創新，並為顧客提供愈來愈多的
價值，那是不容妥協，非做不可的。

　　對大公司來說，創新只要保障 2 件大事就好：

保護營收和品牌

　　公司已經建立聲譽也有營收時，產品團隊的任務是在保護
聲譽和營收下進行產品探索。現在我們有更多的技術可以這樣做
了，包括許多用來打造低成本、低風險原型的技術，以及用最少
投資和有限風險來證明事情是可行的。我喜歡採用用即時資料原
型和 A/B 測試架構。

許多事情不會對品牌或營收構成威脅，當你遇到可能構成威脅的事情，就用技術去減少風險。多數情況下，只要對 1% 或更少的顧客進行 A/B 測試就可以解決了。不過，有時需要更保守。在那種情況下，我們會做一種「只有受邀者才能參與」的即時資料測試，或是在簽保密協定（NDA）下進行探索客戶計畫。還有其他的技術也是以這種負責的方式進行測試和學習。

保護員工和顧客

除了保護營收和品牌以外，也需要保護員工和顧客。如果連公司內部的客服、專業服務或業務人員也對不斷的變化弄得不知所措，他們很難把職責做好，同時顧及顧客。同樣的，如果顧客覺得你的產品一直在變，他們需要不斷地重新學習，很快也會感到不滿。

這是為什麼我們採用溫和的部署技術，包括評估顧客的影響。持續部署是一種非常有效的溫和部署技術，雖然乍看之下有悖直覺，但這種技術使用得宜又搭配顧客影響評估時，就是保護顧客的強大工具。

多數實驗和變化其實不是什麼大不了的事情，但積極地保護顧客和員工，敏感地注意變化的影響是我們的責任。別誤會我的意思，我沒有說大企業的創新很容易，其實一點都不容易。但產品探索技術不是創新的障礙，那些技術對於持續為顧客提供愈來愈多的價值非常重要。

大企業裡的創新障礙往往是更廣大的議題造成的。如果你在大企業上班，你絕對要積極行動以持續改善產品，不能只做小規模的優化。但你也必須以保護品牌和營收、保護員工和顧客的方式來改善產品。

第 **53** 章

質化的價值測試技術

　　量化測試告訴我們發生或沒發生什麼，但無法告訴我們為什麼，以及如何改正那種情況，所以我們也需要做質化測試。如果用戶和顧客對產品概念的反應不如預期，我們必須知道箇中原因。

　　還有一個小提醒，質化測試不是為了證明什麼。證明是量化測試的目的。質化測試是為了快速學習及取得重要洞見。你做這種質化用戶測試時，不會從任何用戶獲得答案，但你測試的每個用戶就像拼圖的一個拼塊。拼塊夠多時，你就會知道哪裡出錯了。

　　我知道下面的說法可能稍嫌誇大，但我真的認為，對你和產品團隊來說，對實際的用戶和顧客做產品概念的質化測試可能是最重要的探索活動。這件事非常重要，也極其實用，所以我總是敦促產品團隊**每週至少做 2、3 次質化的價值測試**。底下說明怎麼做：

先訪談

　　做用戶測試時，通常是從簡短的用戶訪談開始做起，以確定用戶為我們認為的問題所苦，了解他如今怎麼解決問題，以及我們需要怎麼做，他才會改換我們的產品（參見「顧客訪談技術」）。

易用性測試

對你和產品團隊來說，實際用戶和顧客做產品概念的質化測試可能是最重要的探索活動。

質化的測試價值有很多好技術，但那些技術都有賴用戶先了解你的產品是什麼及產品如何運作。這也是易用性測試總是排在價值測試之前的原因。

在易用性測試期間，我們測試用戶是否知道如何操作產品。但更重要的是，在易用性測試之後，用戶知道你的產品是什麼，也知道該如何使用產品。先達到這個境界，再跟用戶談產品有沒有價值時，那種交流才有用。

所以，準備價值測試時，包括準備易用性測試。上一章談過如何準備及執行易用性測試，本章只強調你應該在價值測試之前先做易用性測試，而且一個做完馬上接另一個。

如果你沒有讓用戶或顧客先學習怎麼使用產品，就直接做價值測試，那種價值測試比較像焦點小組訪談，是一群人針對你的產品做假設性的談話，想像那個產品可能怎麼運作。當然，焦點小組訪談可能有助於獲得市場見解，但是對於探索必要交付的產品來說，不是那麼有助益（參見產品探索原則第 1 項）。

這個測試至少要有產品經理和產品設計師參與其中，但是多加 1 位工程師時，工程師常為測試帶來驚奇效果。而且，這類驚喜的發生頻率之高，常令我訝異，所以你應該盡可能鼓勵工程師參與測試。

為了測試易用性和價值，用戶需要懂得使用前面描述的原型之一。當我們的重點是測試價值時，通常會使用**高擬真的用戶原型**。高擬真是指原型很逼真，那對價值測試特別重要。也可以使用即時資料

原型或混合原型。

特定價值測試

你和實際用戶及顧客面對面測試價值時，最主要的挑戰是：大家通常很和善，不願透露真心話。所以，價值測試的設計要確保參試者不是講場面話。

以金錢來證明價值

我喜歡用來衡量價值的一種技術，是看用戶是否願意為它付費，即使你無意對他們收費。我們會注意用戶是否在測試時掏出信用卡，要求購買產品（但我們不是真的想要信用卡資訊）。如果測試的東西是為企業客戶設計的昂貴產品——不是一般人刷卡可買，你可以問參試者是否願意簽署一份「不具約束力的購買意向書」，那是顯示對方有意願的好指標。

以聲譽來證明價值

用戶還可以用其他方式來「買」產品。你可以看他們是否願意以聲譽來買單，詢問他們是否願意推薦那個產品給朋友、同事或老闆（通常是以 0-10 級給分）。你可以請他們上社群媒體分享，輸入老闆或朋友的電子郵件向他們推薦（即使我們不儲存那些電子郵件，但是如果參試者願意提供那些資料，代表意義非凡）。

以時間來證明價值

尤其面對企業客戶時，你可以詢問對方是否願意騰出不少時間跟

你一起開發新產品（即使我們不需要對方真的投入），這也是用戶為價值付出的另一種方法。

以使用權來證明價值

也可以請參試者提供他們正打算更換的產品登錄憑證（因為你告訴他們有「遷移程式」之類的東西）。其實我們不是真的想要他們的登錄帳號和密碼，只是想知道他們是否非常重視我們的產品，當下就願意改用。

反覆修改原型

切記，這個測試不是為了證明什麼，而是為了迅速學習。一旦你遇到問題，或想嘗試不同的方法，就去更正或嘗試。

例如，你讓兩個人看過原型後，兩人的反應大不相同，你的任務是找出原因。也許是因為那兩人是不同類型的顧客，有不同類型的問題。也許那兩人是不同類型的用戶，擁有不同的技能或領域知識。也許他們目前使用的方案不同，一個人對目前的方案很滿意，另一人不滿意。

你可能在測試後覺得，無法讓大家對這個問題感興趣，或無法提高這個產品的效用，讓目標用戶了解它的價值。這種情況下，你可能決定就此打住，把那個產品概念束之高閣。有些產品經理認為這是很大的失敗，但我覺得你反而幫公司省下大量打造及交付產品的成本，以免做出來的產品不被顧客重視或買單，同時也幫工程團隊省下機會成本。

這種質化測試的驚人之處，在於它非常簡單有效。對自己證明產

產品經理一定要參與每個質化的價值測試，不要委託別人。

品價值的最好方式，是帶著筆電或行動裝置，裡面裝上產品或原型，拿給沒見過的人看，測試對方的反應。

有一點重要的提醒。身為產品經理，你一定要參與每個質化的價值測試。不要委託別人做這件事，更不要雇用一家公司幫你做。你對團隊的貢獻來自於你盡可能累積的用戶體驗，需要親自看到用戶和產品概念的互動與反應。如果你是我的員工，能不能持續領月薪，就看你能不能做到這點。

第54章

量化的價值測試技術

質化測試是為了迅速學習及獲得深刻見解，量化技術則是為了收集證據。有時我們可以收集到夠多**有統計顯著結果**（statisticall significant results）的資料（尤其是每天有許多流量的客服單位），有時我們必須降低標準，只收集我們認為有**實用證據**（連同其他因素）的實際使用資料，來做明智的決定。

這就是前面提過「即時資料原型」的主要目的。這裡稍微複習一下，即時資料原型是一種為產品探索流程打造的原型，目的是讓有限的用戶群接觸某些使用案例，以收集實際的使用資料。

有一些關鍵方法可以收集這些資料，至於挑選什麼技術則是取決於流量多寡、時間多寡、風險承受度。在真正的新創企業環境中，流量不多，時間不多，但通常風險承受度很高（畢竟沒什麼包袱和顧慮）。在經營已久的公司裡，通常流量很多，有點時間（主要是擔心管理高層失去耐心），公司比較不願冒險。

A/B 測試

這類測試的標準做法是 A/B 測試。大家之所以愛用 A/B 測試，是

質化測試是為了迅速學習及獲得深刻見解，量化技術則是為了收集證據。

因為用戶不知道他們看到的是哪一版產品。如此產生的資料很有預測性，正是我們想要的。切記，這種 A/B 測試與「**優化 A/B 測試**」（optimization A/B testing）略有不同。優化測試是用來實驗不同的行動號召、按鈕的不同顏色處理等等。概念上是一樣的，但實際上做起來有些不同。優化測試通常是表面、低風險的改變，通常是在分裂測試（50％：50％）中進行。在「探索 A/B 測試」（discovery A/B testing）中，通常是讓 99% 的用戶看目前的產品，只讓 1% 或更少的用戶看即時資料原型，而且我們會更密切地追蹤這種 A/B 測試。

邀請型測試

如果公司比較不願承擔風險，或是沒有足夠的流量（無法只測試 1% 或 10% 用戶就迅速累積到足夠的有用結果），另一種收集證據的有效方法是邀請型測試（invite-only test）。你找一群用戶或顧客，主動聯繫他們，邀請他們試用新版本。你告訴他們那是實驗版本，所以他們若答應參與，那類似「選擇加入」（opt in）。這群用戶衍生的資料，不像真實盲測的 A/B 測試那麼有預測性。我們知道那些選擇加入測試的用戶通常是早期採用者（early adopter）。不過，這仍然屬於實際用戶，實際操作著即時資料原型，我們依然可以收集到有趣的資料。

我們常以為用戶會喜愛我們的產品，但做完這種測試後常發現，用戶根本對那個產品無感。這種情況很常見，但遺憾的是，做這種量化測試時，我們只知道他們不太使用那個產品，但不知道原因。所以

通常會接著做質化測試，以迅速了解為什麼顧客的反應不如預期。

探索客戶計畫

邀請型測試的另一種變型，是使用前面討論構思技術時提過的「探索客戶計畫」（customer discovery program）的成員。這些公司已經選擇參與測試新版本了，而且你已經和他們培養密切的關係，可以輕易追蹤他們。如果是賣給企業客戶的產品，我常以此做為收集實際使用資料的主要技術。我們會讓「探索客戶計畫」的客戶經常獲得即時資料原型的更新，也會比較他們的使用資料與更廣泛的客戶使用資料。

深入閱讀 ｜ 分析資料的用途

如今的產品開發跟以前的一大差異，在於分析資料的使用。現在大家預期能幹的產品經理都很熟悉資料，也知道怎麼善用分析資料來快速學習與改進。

我把這種改變歸因於幾個因素：首先，全球化及連線裝置使產品的市場大幅擴充至全球，導致資料的絕對數量急速暴增，使我們可以更快獲得有趣又有統計顯著的結果。第二，評估這些資料並從中學習的工具大幅進步。不過，更重要的是，我也看到大家更了解資料的功用，知道資料可以幫我們迅速學習及調整。在優秀的產品團隊中，分析資料有 5 個主要用途，這裡逐一說明：

用途 1. 了解用戶和顧客的行為

多數人想到分析資料時，想到用戶分析，但那只是分析資料中的一種。分析資料的目的，是為了了解用戶和顧客如何使用產品（切記，一個客戶那裡可能有多位用戶，至少在 B2B 情境中如此）。我們可以用這種方式找出用戶不使用的功能，或確認某些功能是以我們預期的方式使用，或更了解用戶的說法與實際操作之間的差異。

優秀的產品團隊為了這個目的而收集及使用這類分析資料已經至少三十年了。他們開始使用這些分析資料的時間，比網路、桌上型電腦、伺服器的出現早了整整十年。網路、電腦和伺服器出現後，那些裝置可以自行連回開發團隊的主機，上傳行為分析資料，讓產品團隊根據資料來改進產品。我覺得，這是產品開發中少數不可或缺的東西。如果你要在產品裡加入新的功能特色，需要至少為那個功能特色做基本的使用分析。不然，你怎麼知道那個功能是照著你的預期運作？

用途 2. 測量產品進展

我一向積極主張以資料來驅動產品團隊，而不是提供產品團隊老式的產品路徑圖，列出哪些功能可能可行或不可行。我比較喜歡提供產品團隊一套商業目標，搭配可衡量的標的，然後由產品團隊自己決定達成那些目標的最好方法。這其實是「專注於結

果、而不是產出」這個產品開發趨勢的一部分。

用途 3. 證明產品創意是否可行

如今，尤其是消費品公司，我們可以利用 A/B 測試及比較結果來區隔新的功能特色、新版工作流或新設計的貢獻。這證明哪個創意概念是可行的。我們不必對所有的事物都這樣做，但是遇到風險高或部署成本高，或需要改變用戶行為的東西時，這是很強大的工具。即使流量不大，導致收集統計顯著的結果很難或很耗時，我們還是可以從即時資料原型收集實際的資料，以做出更明智的決策。

用途 4. 輔助產品決策

根據我的經驗，以前產品開發最糟的做法是依賴意見。職位愈高的人，通常意見愈受重視。如今大家相信**資料比意見重要**，我們可以直接做測試，收集資料，然後根據資料來做決策。資料不是萬無一失，我們也不是資料的奴隸，但如今我在優秀團隊中看到無數的例子顯示，他們是根據測試結果來做決策。我常聽到團隊說，資料呈現的結果往往令他們訝異，使他們因此改變主意。

用途 5. 啟發產品概念

雖然我非常喜歡分析資料的上述每個用途，但我承認，我最喜歡最後一個用途。我們從所有來源收集的資料可能是一座金

礦，關鍵往往在於如何提出適切的問題。但是藉由探索資料，我們可以找到一些難能可貴的產品機會。目前我看到一些最棒的產品開發，都是受到資料的啟發。沒錯，常在觀察顧客時獲得寶貴的創意，也常在運用新科技時獲得卓越的點子，但研究資料也可以提供見解，促成突破的產品創意。

大體上，這是因為資料常讓我們看到意想不到的狀況。我們對於產品的使用方式，有一套既定的假設，我們大多沒意識到自己抱持那套假設。所以看到資料時，我們往往會驚訝地發現事實跟那套假設不符。那些出乎意料的地方，正是進步的來源。

科技產品的產品經理也應該廣泛地了解對你產品很重要的分析類型。很多產品經理的眼界太過狹隘，以下是多數科技產品的核心分析工具：

- 用戶行為分析（點擊路徑、參與）
- 事業分析（活躍用戶、轉換率、終身價值、留存率）
- 財務分析（平均單價、出帳、結帳時間）
- 性能（載入時間、正常執行時間）
- 作業成本（儲存、主機託管）
- 上市成本（收購成本、銷售成本、宣傳活動）
- 情緒（淨推薦值、顧客滿意度，調查）

希望你能看出分析資料對產品團隊的重要。不過，即使資料很強大，關於分析資料最應該謹記的重點是，**資料可以顯示發生了什麼事，但無法說明為什麼**。我們需要質化技術來說明量化

結果。

　＊補充說明：我們常把分析資料稱為關鍵績效指標（key performance indicator，簡稱 KPI）。

深入閱讀 ｜ 盲目使用

　　值得注意的是，我仍然遇到很多產品團隊沒有為產品加裝「收集分析資料」的機制，或只做點皮毛，以致於他們不知道有沒有人使用那個產品或如何使用。我的團隊（以及我合作過的團隊）執行已久，所以我很難想像沒有這些資訊會變成什麼樣子。我甚至想不起來，那些不知道用戶如何使用產品，不知道哪些功能真的對顧客有益，不知道該納入哪些功能才能讓顧客買單的產品團隊是什麼模樣。

　　雲端產品和服務最容易做到這點，而且多數人使用網路分析工具，但有時候我們也會使用自己開發的工具來做這件事。

　　優秀的產品團隊已經這樣做很多年了，而且不只對雲端網站這樣做，對客戶端安裝的行動程式或桌面應用程式也是如此──定期連回主機並傳送使用資料給產品團隊的就地部署（on-premise）軟體、硬體和裝置。有些公司非常保守，在在傳輸資料以前會先徵求同意，但多數的做法是悄悄在背後進行。

很多產品團隊沒有為產品加裝「收集分析資料」機制，或是只做點皮毛，以致於不知道有沒有人使用產品或如何使用。

我們都應該以匿名的方式匯集資料，這樣做才無法從那些資料中辨識隱私。偶爾，我們會在新聞中看到，某家公司因急於向市場發布原始資料而惹上麻煩。媒體認為業者追蹤這些資料是為了缺德的目的，但至少對我認識及共事過的公司來說，他們收集那些資料只是為了讓產品變得更好，更有價值、更好用。這一直是用來提高價值和易用性的最重要工具之一。

整個流程的運作方式是：先自問，關於產品的使用方式，我們需要知道什麼；接著，我們為產品加裝資訊收集機制（具體的技術視你用的工具及想收集什麼資料而定）。最後，我們生成多種形式的線上報告，讓我們可以檢閱及詮釋那些資料。

對於新添加的一切，我們都會安裝必要的工具，以便立即了解是否如我們預期那般運作，以及是否有重大的意外結果。坦白講，如果沒有加裝那種工具，我根本不想浪費時間推出新功能，不然你怎麼知道新功能真的發揮功效？

對多數產品經理來說，他們每天早上做的第一件事就是檢查分析資料，了解前一天晚上發生了什麼。他們通常隨時都在做某些測試，所以對發生的事情很感興趣。當然，在一些極端的環境中，所有的資料都封在非常嚴格控管的防火牆內。但即使是那種情況，產品還是可以生成定期的使用報告，讓客戶審查及核准後，再透過電子模式或列印報告，轉寄給產品團隊。

我強烈主張移除不太重要的功能以簡化產品。但是，在不知道顧客使用什麼功能及如何使用之下，你根本搞不清楚狀況，很難決定該刪除哪些功能。沒有資料可以佐證自己的論點或決策，管理高層當然也就無法批准。我認為，你應該從「一定要擁有這些資料」的立場出發，然後再倒回去思考取得資料的最佳方法。

第 55 章

測試實行性

我們討論驗證實行性時，工程師其實是想回答幾個相關問題：

- 我們知道**怎麼打造**這個東西嗎？
- 我們的團隊**有技能**可以打造這個東西嗎？
- 我們有足夠的**時間**來打造這個東西嗎？
- 我們為了打造這個東西需要做**架構**改變嗎？
- 我們手頭上有打造這個東西所需要的所有**元件**嗎？
- 我們了解打造這個東西所涉及的**相依性**嗎？
- **績效**可以接受嗎？
- 它可以**擴展**成需要的規模嗎？
- 我們有測試及執行它的必要**基礎設施**嗎？
- 我們負擔得起這個專案的開發**成本**嗎？

我不是想嚇唬你。在產品探索階段，你和工程師評估多數產品創意時，他們很快就會考慮到這幾點，接著直接回你：「沒問題。」那是因為工程師做的事大多不是全新的，他們通常做過很多類似的事。不過，確實有一些概念不是如此，工程師有時可能很難回答上述一些問題。目前一個常見例子是，許多團隊正在評估機器學習技術，考慮

構建／採購決策，並評估該技術是否適合手頭上的任務——更廣泛地說，是想要了解其潛力。

以下建議非常實用，也很重要，可以供你參考。如果你是在每週規畫會議上，直接向工程師拋出一些概念，要求他們評估時間、故事點（story point）① 或工作量，那幾乎一定會失敗。如果你當場要工程師給答案，沒給他時間去探索及思考，你很可能會得到一個保守的答案，那種保守答案可能是為了讓你打消開發產品的念頭。

不過，如果工程師一直跟著團隊一起做顧客測試（使用原型），知道問題是什麼、也知道大家對那個創意概念的想法，工程師可能已經考慮那些問題一段時間了。如果你覺得一個東西值得開發，你需要給工程師一些時間去探索及思考。你不該直接問：「你能做出這個嗎？」而是請工程師探索及回答下面的問題：「做這件事的最好方法是什麼？需要多長的時間？」

工程師有時會回答，他們需要先打造一個**實行性原型**，才能回答其中一個或多個問題。如果是這種情況，首先你要考慮的是：這個概念是否值得在探索上投入必要的時間。如果值得，就鼓勵工程師去做實行性原型。

評估實行性的最後一個重點：很多產品經理討厭聽到工程師說，他們需要額外的時間進行探索。對這些產品經理來說，工程師的話代表那個概念風險太大，太費時了。我告訴那些產品經理，我個人反而

---

① 度量單位，用於表示完成一個產品待辦項或者其他工作所需的所有工作量的估算結果。在 Scrum 流程中常用故事點來估計一個「衝刺」（Sprint）階段中開發團隊能負荷的「故事總量」。

比較喜歡這種產品概念，原因有幾個。首先，許多最好的產品創意是採用現在才有可能實現的方法去解決問題，那表示需要時間去探索及學習那個新科技。第二，我發現給工程師時間去探索時，即使只給 1、2 天的時間，他們不僅可以回答實行性問題的答案，也可以提出更好的解決方案。第三，這類概念通常對團隊很有激勵效果，因為這給了他們學習及大顯身手的機會。

深入閱讀 | 硬體產品的探索

如今許多科技產品包含硬體元素。從手機到手錶，從機器人到汽車、醫療設備、恆溫器等等，智慧型裝置無處不在。當你需要把硬體也納入考量時，對目前為止討論的一切有什麼影響？

明顯的區別是，例如不同的工程技能、工業設計的需要，雖然硬體製造持續改善，但目前硬體製造仍比軟體開發還久。但多數情況下，目前為止討論的一切仍然適用，雖然會有些額外的挑戰。此外，把硬體也納入考量時，我們討論過的探索技術變得更加重要，尤其是原型的作用。

原因在於，對硬體來說，時間和金錢方面的錯誤會造成更嚴重的後果。使用軟體時，通常可以用比較便宜的方式進行修正。但是遇到硬體時，一切就沒有那麼簡單了。具體來說，硬體有更

多的技術實行性風險，還有更多的商業可行性風險。例如，面對硬體時，需要對零

硬體產品的時間和金錢方面出錯，造成後果更為嚴重。

組件、製造成本、預測等等進行更複雜的分析。不過，3D 列印技術的出現，對打造硬體裝置的原型幫助很大。

重點是，硬體產品需要積極地處理價值、易用性、實行性、商業可行性的風險，並在投入生產製造以前，提高你的信心標準。

第56章

測試商業可行性

　　光是想出顧客喜歡、工程師也能開發出來的產品就已經夠難了，許多產品從未達到這一步。不過，達到這一步還不夠。你的產品還必須對事業有益才行。我先提醒你，想達到這點，往往做起來比想像還要困難。

　　許多產品經理對我坦言，這是他們工作之中最不喜歡的部分。我可以理解這點，但我也向他們解釋，好的產品經理與卓越的產品經理往往差別就在這裡，所謂「產品的執行長」（CEO of the product）就是這個意思。

　　打造事業向來很難，你需要一個可行的商業模式。生產、行銷、銷售產品的成本必須遠低於產品帶來的收入。為了進入某國市場銷售，你必須遵守該國的法規；履行商業協議和合作夥伴關係；產品必須符合公司其他產品所塑造的品牌承諾。

　　你需要保護公司的營收、聲譽、員工，以及你費盡心思才找進來的客戶。在本章中，我會提到科技產品公司的主要利害關係人，討論他們的主要顧慮和限制，並說明產品經理如何測試每個領域的商業可行性。

雖然這是常見的清單，而且多數或所有領域可能都適用於你的產品，但每家公司還是會有一種或多種特殊的利害關係人是那家公司獨有的。所以，底下沒提到的利害關係人，不表示他對你來說絕對不重要。

> 產品必須對事業有益，是卓越的產品經理與其他產品經理的差別，卓越的產品經理就是「產品的執行長」。

你最不想遇到的狀況是，產品團隊花時間做出可上市的產品，卻因為違反一些規定而無法上市。這種情況發生時，絕對是產品經理的問題。你的任務就是要了解每個相關的限制，想辦法在限制內進行產品開發。

行銷

之前已經討論過產品行銷，我們把它視為產品團隊的一員，而不是利害關係者。但一般來說，行銷在乎的是怎麼促成銷售，在乎公司的品牌和聲譽、市場競爭力和差異化。行銷要求開發出來的產品必須是有價值，引人注目，符合上市通路的要求。所以，你考慮的任何事情只要可能危及上述幾點，行銷人員就會有所顧忌。

如果你提議打造的東西可能影響銷售通路、主要的行銷活動，或可能不符合品牌承諾（亦即顧客預期公司達到的一切），你需要先跟行銷部門討論，在考慮打造任何東西之前，先讓行銷部門看原型，跟他們一起想辦法解決他們的顧慮。

銷售

如果你的公司設有業務部門或廣告銷售部門，那對產品部門會

有很大的影響。成功的產品通常需要根據銷售通路的優點和限制來設計。例如，直銷通路很貴，那需要高價值的產品，以高價位販售。或者，你可能是以某套技能來打造銷售通路，但新產品需要截然不同的技能和知識，銷售團隊可能會因此否決你的產品。

如果你提議的產品需要使用的銷售技巧不是銷售通路具備的，你可以跟銷售部門的領導者開會，在開始打造任何東西以前，先向他們說明你的提議，看能不能一起找出有效銷售產品的方法。

顧客成功

有些科技公司在幫助顧客方面是採用「高接觸」模型（high touch model），有些是採用「低接觸」模式。你需要了解公司的顧客成功策略（customer success strategy）是什麼，並確保你的產品符合那個策略。同樣的，如果你的提案是一種改變，你需要跟領導者坐下來討論選項。附帶一提，如果你是採用「高接觸」的服務模型，那些接觸顧客的第一線人員在提供產品見解和原型測試方面很有幫助。

財務

財務通常代表不同的約束和考量，尤其是你是否負擔得起構建、銷售、操作新產品的成本。但是，商業分析和報告往往是以財務表達，投資者關係和其他考量也有不同的限制。如果涉及成本問題，你需要和財務人員一起做出成本模型，以便向領導者證明你已經找到可行的方法。

法務

對許多科技公司來說，尤其是試圖顛覆市場的公司，法務是非常重要的角色。隱私問題、法規遵循、智慧財產權、競爭問題等等，都是跟法律有關的常見限制。提早跟法務人員坐下來討論你的提案，了解他們是否預期這會引發什麼議題或該注意的事項，可以幫你節省很多時間和麻煩。

業務發展

多數企業與不同類型的合作夥伴有密切的業務關係，通常企業會和每個合作夥伴簽約，必須遵守一套既定的承諾和約束。有時這類協議會削弱企業的競爭力，有時則可以幫企業大獲全勝。無論是哪種情況，你都需要了解那些夥伴關係對你的產品及提案的影響。

安全

我們通常不會把安全部門視為利害關係者，覺得他們歸屬於工程部門，因此是產品團隊的一部分。然而，安全問題對許多技術公司來說非常重要，所以我覺得有必要特別拉出來談。如果你提議的東西跟安全有些許關係，可能要儘早帶著團隊裡的技術領導者，去跟安全部門的領導者討論那個概念，以及了解如何解決他們的顧慮。

執行長／營運長／總經理

當然，每個公司都有執行長或總經理負責整個事業單位。他們很可能知道上述所有的限制，也會有所顧慮。如果產品經理不知道這些問題，或是沒有處理這些問題的計畫，管理高層不太可能信任產品經理或產品團隊。執行長很快就會發現產品經理是否做了功課，以及是

否了解事業的不同面向。測試商業可行性，是指確保產品團隊提議的東西可以在上述領域的限制內運作。對那些受到影響的利害關係人來說，你必須給他們機會審查提案，確保他們的顧慮有人關注。

深入閱讀 | 用戶測試 vs. 產品演示 vs. 產品瀏覽

在本書中，我談到「展示原型」（show the prototype）。事實上，展示原型有 3 種不同的技術。針對不同的情況，你必須使用適合的技術，不能用錯。

技術 1. 用戶測試

是對真實的用戶和顧客測試產品概念。那是「質化」測試技術，我們是讓用戶來主導，目的是測試原型或產品的易用性和價值。

技術 2. 產品展示（product demo）

是指向潛在用戶和顧客推銷產品，或是在公司內部推廣產品。是種銷售或說服工具。產品行銷部門通常會打造一套精心編寫的「產品展示」，但有時他們會要求產品經理來執行，尤其面對高價值的客戶或高管的時候。這種情況下，由產品經理主導，目的是展示原型或產品的價值。

技術 3. 產品瀏覽（walkthrough）

是指向利害關係人展示原型，你希望他們看到並注意到任何的顧慮。目的是給利害關係人有機會發現問題。這種情況通常是由產品經理主導，但如何利害關係人想自己玩原型，我們也很樂意提供。你不是要推銷他們任何東西，也不是要測試任何產品，絕對不要對他們隱瞞任何事情。

我看過許多經驗不足的產品經理帶潛在客戶「瀏覽產品」，但那種情境應該是以準備好的產品展示登場才對。另一種常見的新手錯誤，是在用戶測試期間進行產品演示，然後詢問用戶的看法。你一定要分清楚你是在做用戶測試、產品演示，還是產品瀏覽。而且，你一定要熟練這 3 種技巧。

展示原型有 3 種不同的技術。針對不同的情況，必須使用適合的技術，絕對不能用錯。

第57章

產品經理側寫：Netflix 的阿諾德

Netflix 是我一直很喜歡的產品和公司。1999 年 Netflix 成立不久（位於加州的洛思加圖斯），員工不到 20 人，曾經瀕臨破產邊緣。他們有 2 名經驗豐富的共同創辦人，包括如今已成業界傳奇的里德‧哈斯汀（Reed Hastings）。當時他們面臨的問題是，顧客人數一直卡在 30 萬人左右。

基本上 Netflix 是提供跟百視達（Blockbuster）一樣的按片付租（pay-per-rental）體驗，只是換成網路版。跟各種產品一樣，他們的顧客中，有些是早期採用者，有些住在沒有租片商店的地方，但實際上顧客沒有太多的理由透過郵局租 DVD。畢竟，你下班回家可以順道跑一趟住家附近的百視達出租店。大家可能從 Netflix 租過一次影片後，很快忘了 Netflix 的服務，顧客似乎不太願意改變租片習慣。Netflix 的團隊知道他們的服務還沒有好到讓顧客轉換服務。更糟是，DVD 銷售開始減緩，好萊塢的強烈抵制導致情況更加混亂。此外，還有寄送租片的物流挑戰，DVD 品質難以維持等問題，公司還要確保在搞定一切問題以後依然有利可圖。

阿諾德（Kate Arnold）是這個小團隊的產品經理，這個團隊知道

他們需要改變做法。他們做了很多測試，其中一個是改採訂閱服

技術創新促成更理想的新商業模式。

務。那個產品概念是：讓顧客只要付費一個月，可以無限看片。顧客會不會覺得這種訂閱服務比按片付租好很多，而願意更改媒體消費行為呢？

好消息是：沒錯！這種方案確實很吸引人。「支付固定的訂閱費，就可以無限看片」的訴求確實聽起來很棒。**壞消息**是：這樣一來，團隊也給自己製造一些實質問題。用戶肯定想要租新發行的電影，但是新片的成本高出許多，Netflix 也需要備妥大量的存貨以供用戶租借，他們可能很快把資金燒光。所以他們面臨的產品挑戰變成：如何讓顧客看到喜愛的電影，又不至於把公司搞到破產？

他們知道，必須想辦法讓顧客挑選的影片混合昂貴的熱門片和便宜的冷門片。所謂「必要為發明之母」，Netflix 因此開發出排隊區、評分系統、推薦引擎等等功能。那些技術創新促成了更理想的新商業模式。於是，Netflix 的團隊開始投入開發，並在 3 個月內重新設計網站，推出排隊區、評分系統、推薦引擎功能，以支援 Netflix 推出訂閱服務。他們也重寫了收費系統，以搭配每月訂閱模式（另一個有趣的小故事是，他們在產品還沒開發出來以前，就先推出訂閱服務，因為他們提供用戶「30 天免費試看」的優惠，讓產品團隊有更多的緩衝時間去開發產品。）

為了推出這麼多改變及相互關聯的新功能，他們的每日站立會議幾乎需要公司全員參與。產品經理需要和 2 位共同創辦人開會討論策略、找用戶來驗證產品概念、評估分析數據、要求團隊開發特色和功能、與財務部合作新的商業模式、與行銷部合作招攬訂戶、與倉庫合

作出貨。由此可見，阿諾德每天的工作量有多大。不過，Netflix 團隊後來順利推出了新服務，並利用新服務來支撐後續七年的事業發展與成長。後來，他們更冒險推出串流模式，自我顛覆事業。

　　阿諾德總是把 Netflix 的蓬勃發展歸因於優秀的產品團隊（裡面有傑出的工程師），以及創辦人的遠見和勇氣。但我認為，當初要不是有阿諾德推動那個促成這項事業的科技方案，如今我們熟悉的 Netflix 可能早就消失了。另一個跟 Netflix 草創時期有關的有趣插曲：Netflix 早期資金吃緊時，本來向百視達提議，以 5,000 萬美元的價格賣給百視達，但百視達回絕了。如今百視達已黯然退場，Netflix 的市值則是逾 400 億美元。阿諾德目前是紐約市的產品領導者。

轉型技術

概述

　　到目前為止，討論了探索產品的技術。但我們也必須坦言，要讓產品團隊和公司應用新技術並以不同的方式工作，往往說起來比做起來容易。部分原因在於人性使然，但最主要的原因在於變化往往是文化上的。舉個顯而易見的例子，想把產品路徑圖導向、注重產出的傭兵團隊，轉變成真正授權又負責的產品團隊，並以商業成果來衡量績效，那是很大的文化轉變，也需要管理高層對團隊成員釋出大權及自主權。相信我，那不是很容易發生的改變。幸好，有一些技術可以幫組織做這種轉變。

第58章

探索衝刺技術

我發現許多團隊，尤其是對現代產品技術感到陌生的團隊，都在找一種條理化的現代產品探索方式。本章中，我將介紹「**探索衝刺**」（discovery sprint）的概念。

「探索衝刺」是為期 1 週的產品探索任務，目的是為了解決產品團隊面臨的重大問題或風險。探索衝刺非常實用，不只適用於轉型，也可以做為探索規畫技術或探索原型技術。但我覺得把這些東西彙總在一起最實用，所以我把它放在這裡。

有些人是使用「**設計敏捷**」（design sprint）這個用語，而不是「探索衝刺」。不過，由於這項任務執行得宜時，目的遠遠超越了設計，所以我喜歡較為通泛的用語。此外，如果你的公司還搞不定「最小可行產品」（MVP），這是開始從 MVP 獲得價值的好方法。

多年前 Google 創投（Google Ventures，簡稱 GV）剛創立時，我見過裡面的團隊。GV 是 Google 旗下的投資事業，不僅會提供新創公司資金，還會組成一支小團隊進駐新創公司，幫那些公司順利把產品推出上市。對新創公司來說，這支團隊的協助比 GV 提供的資金還要寶貴。他們的做法是花一週的時間待在新創公司裡，跟新創公司的團

隊一起做產品探索。

我也認識幾位經驗豐富的產
品人員，亦即所謂的「探索教練」

探索衝刺法是為期1週的產品探索任務，目
的是解決產品團隊面臨的重大問題或風險。

（discovery coach），他們也為他們指導的產品團隊做同樣的事情。

總之，在密集探索的這1週裡，你和團隊可能探索幾十種不同的
產品概念和方法，目的是解決某個重要的業務問題。這1週到了尾聲
時，你是找真實的用戶和顧客來驗證潛在的方案，以此結束。根據我
的經驗，結果總是收穫豐碩，獲得很多心得和見解——這種學習可以
改變產品或公司的發展方向。在這個通用架構中，探索教練會提出多
種方法來幫助團隊完成探索流程，在短短5天內獲得很大的學習。

GV與一百個產品團隊合作之後，學到怎樣做行得通、怎樣做行
不通，並持續改進做法，最後他們決定出版一本書來分享學習心得。
這本書是《Google創投認證！SPRINT衝刺計畫》（*Sprint: How to
Solve Big Problems ad Test New Ideas in Jsut Five Days*），作者是傑克・納
普（Jake Knapp）、約翰・澤拉斯基（John Zeratsky）、佈雷登・柯維
茲（Braden Kowitz）。這幾位作者設計了一套為期5天的衝刺計畫，
先以示意圖確立問題的架構，挑選要解決的問題和目標客群，以及解
決問題的多種方法。接著，團隊針對不同的潛在方案增添內容，然後
打造出一個高擬真度的原型，最後把那個原型放在實際的目標用戶面
前，觀察他們的反應。

沒錯，你絕對可以在1週內完成這一切。

《Google創投認證！SPRINT衝刺計畫》詳細列出那幾位作者最
喜歡用來完成每個步驟的技巧。如果你已經讀到這裡，其實你已經看
過那些技巧了。但我之所以喜歡那本書，是因為團隊剛開始時，往往

很渴望有一套驗證可行的逐步指南。那本大約 350 頁的篇幅中，詳細闡述了這觀點，並穿插數十個你也認得的卓越產品和團隊實例。

幾種情況下，我很推薦使用探索衝刺法，例如團隊有重大或困難任務需要處理、團隊正在學習如何做產品探索、產品開發太慢、團隊需要重新調整運作速度的時候。《Google 創投認證！SPRINT 衝刺計畫》也是產品經理必讀的好書，我非常推薦。

深入閱讀 ｜ 探索教練

隨著團隊採用敏捷方法（他們通常是從 Scrum 開始），許多公司決定招聘敏捷教練來指導團隊。這些教練可以幫更廣泛的團隊（尤其是工程師、品管師、產品經理、產品設計師）了解改用敏捷開發所涉及的方法和思維。這聽起來很簡單，卻出了很多問題，因為絕大多數的敏捷教練沒有科技產品公司的經驗，所以他們的經驗僅限於產品交付。也因此，他們比較貼切的職稱是「敏捷交付教練」。他們了解事物的工程面和發布面，但不了解事物的探索流程。

許多產品公司遇過這種問題，所以他們需要的教練是曾經在產品公司任職、負責重要產品的人才，尤其是做過產品管理和產品設計的人，這種人往往稱為「**探索教練**」（discovery coach）。探索教練通常以前當過產品經理或產品設計師（或曾是這些領域的領導者），他們大多曾為頂尖的產品公司效勞或合作。因此，

他們能和實際的產品經理和
設計師一起工作，不是只會
背誦敏捷術語而已，他們也
會向團隊展示如何有效地工作。

探索教練通常當過產品經理或產品設計師，
大多為頂尖的產品公司效勞或合作。

　　每個探索教練在指導團隊方面都有個人偏好的方式，但他們
通常只跟一個或少數幾個產品團隊合作 1 週左右。在這段期間，
教練會帶你做一次或多次構思的探索循環；打造原型；找顧客來
驗證原型以評估他們的反應；與工程師一起評估實行性；與事業
的利害關係人一起評估那個解決方案是否適合公司的事業。我很
難想像，從來沒在現代產品公司中當過產品經理或產品設計師的
人，怎麼能成為有效的探索教練。這可能是如今探索教練短缺的
主因之一。探索教練也必須了解如何把工程納入指導課程中——
注意不要耽誤工程師的時間，但要明白他們在創新中扮演的重要
角色。

　　探索教練和精實創業教練（Lean Startup coach）很像，他們
的主要區別在於，精實創業教練不只幫團隊探索產品，也探索商
業模式，以及銷售和行銷策略。一旦新事業開始蓬勃發展，探索
任務的內容通常是持續改進現有的產品，而不是打造全新的事
業。因為有這樣的差異，許多精實創業教練欠缺必要的產品經驗。
我認為，產品探索是新創公司最重要的能力，所以我認為高效的
精實創業教練也要有很強的產品能力。

第59章

先導團隊技術

前面討論過「技術採用曲線」，以及那個理論如何描述不同的人如何接納改變。其實那個理論也可以套用在組織上，尤其是我們如何改變組織的運作方式。

組織中有些人喜歡改變；有些人則想先看別人改變很順利以後，才跟進改變；有些人需要更多的時間去適應改變；還有些人討厭改變，只有在被迫改變時才勉強改變。如果你太興奮，一次就對整個公司推行重大改變，落後者（亦即討厭改變的人）可能會抵制，或甚至破壞你的計畫。

我們不需要對抗這種現實，可以反過來積極接納它。促進大家改用新方式的最簡單技術之一，就是使用先導團隊（pilot team）。先導團隊讓組織在全面改變之前，只對有限的部分推行改變。做法是找一個願意主動嘗試新技術的產品團隊，讓那個團隊用新方法運作一陣子（通常是 1、2 季），看成效如何。

衡量成效的標準是取決於你的目標，但最終你想比較團隊在交付業務成果上的成效，亦即比較先導團隊和其他團隊的目標達成狀況，或比較先導團隊改變前後的目標達成狀況。以實驗的性質來看，這種

比較方式是質化的，但這不會沒
說服力。

　　一切運作順利時，可能會有
其他的團隊亟欲跟進改變。如果
事情進展得不順利，你可能會認為這種技術不適合組織，或決定加以
調整。為了盡量提高先導團隊運作順利的機率，我們會仔細挑選成員、
他們的位置和自主程度。理想上，最好是挑選樂於接納新運作方式的
人，也讓先導團隊掌控自己的運作方式，不必像以前那樣依賴其他
團隊。

第60章

幫組織擺脫路徑圖

許多產品團隊想要擺脫產品路徑圖，但公司的觀念老派，執意採用老式的季度產品路徑圖。因此，他們不知道如何幫組織轉型。面對這種情況，我主張下面的做法：繼續依循現有的路徑圖 6 到 12 個月。但是，從現在起，每次你參考產品路徑圖上的項目時，或是在簡報或會議中討論路徑圖上的項目時，一定要放上一個提示，標註那個功能或產品意圖達成的實際**商業結果**。

如果你開發的那個功能是「添加 PayPal 支付方式」，目的是為了增加轉化率，那就一定要標註目前的轉化率和希望達到的結果。最重要的是，在該功能上線後，一定要突顯出新功能對轉化率的影響。

如果是產生正面影響，那可喜可賀。萬一影響不如預期，就向每個人說明，雖然你確實發布那個功能了，但結果不成功，並明確指出你學到了什麼，但也解釋你還有其他的概念可以獲得想要的結果。你的目標是，隨著時間經過，讓組織把焦點從「在特定日期推出特定功能」轉為「商業結果」。為了實現這個目標，你需要先了解利害關係人愛用產品路徑圖的 2 個主因：

● 他們想看到你正在忙什麼，確保你正在做最重要的任務。

● 他們想要規畫事業，需要
知道關鍵的事情何時會發生。

本書討論的產品路徑圖替代
方案解決了上述兩大考量。團隊

你的目標是，隨著時間經過，讓組織把焦點
從「在特定日期推出特定功能」轉為「商業
結果」。

是投入領導者決定的優先商業目標、透明地分享關鍵結果、需要給一
個關鍵提交日時，這樣團隊才會做出高誠信的承諾。

流程的擴展

概述

公司成長以後，會愈來愈不願承擔風
險，這種改變可以理解。因為公司規模小
時，損失有限，但是規模一大，攸關的利
益也跟著變大，公司裡各部門的人都想捍
衛那些資產。

公司保護既有成果的一種方法，是以
減少錯誤或降低風險之名而制訂流程，把
運作方式加以形式化及標準化。於是，公
司開始把流程套用在一切事物上，從差旅
費用的請款，到提出變更報告的要求，再
到探索及交付產品等等都想標準化。在許
多領域裡，這類流程讓人覺得麻煩（例如
費用提報），但不太可能對公司的成敗產
生影響。

但是，另一方面，針對產品生產方

式制訂流程，很容易導致創新
停擺。沒有人會刻意這樣做，但
這種情況卻在許多公司裡經常發

針對產品生產方式制訂流程，很容易導致創新停擺。

生，我覺得很不可思議。以流程的例子來說，敏捷開發法通常對持續
創新很有幫助。然而，有幾家擅長「大規模敏捷開發」的流程顧問公
司，推出專為眾多工程師設計的方法和結構，卻徹底摧毀了創新的
希望。

　　這種事情其實是可以避免的。世界上許多最卓越的產品公司都是
超大型的公司，持續成功擴展了產品及技術組織的規模。這本書裡描
述的技術和方法都是為了讓你在持續成長及擴大規模時，維持不斷創
新的能力。

第 61 章

管理利害關係人

對許多產品經理來說，管理利害關係人可能是他們最討厭的任務。我也不想讓大家覺得這是件簡單的事，但這項任務通常可以大幅改善。首先，我們先看利害關係人是哪些人，接著看產品經理對這些利害關係人的職責是什麼。之後，我們再討論成功管理利害關係人的技術。

定義利害關係人

在許多產品公司裡，幾乎每個人都覺得自己對產品有發言權。他們確實很在乎產品，通常對產品有很多想法——可能是來自於使用心得，或是從顧客那裡聽來的。不過，不管他們怎麼想，我們不會認為他們大多是利害關係人，他們只是整個社群的一部分——只是諸多產品意見的一個來源。想要判斷一個人算不算利害關係人，一種實用的做法是看他有沒有否決權，或他能不能阻止你推出產品上市。利害關係人通常包括：

- 管理高層（執行長和行銷、業務、技術部門的領導者）
- 事業合作夥伴（確保產品和業務一致）

- 財務（確保產品符合公司的財務參數和商業模型）
- 法務（確保你的提案合法）
- 法規遵循（確保你的提案符合相關標準或政策）
- 商業發展（確保你的提案不會違反現有合約或關係）

可能還有其他人，但總之大致是如此。

在新創公司中，利害關係人很少，因為公司規模很小，即使失敗了，損失有限。但是在大公司裡，很多人努力捍衛公司的大量資產。

產品經理的職責

產品經理有責任理解各種利害關係人的考量和限制，並讓產品團隊知道這些資訊。你埋頭打造出對顧客有利的產品，等到審查會議上才發現產品不能上市，那對任何人都沒有好處。這種情況發生的頻率比你想的還高，每次發生這種事，公司對產品團隊都會失去一點信心。

不過，在了解每個利害關係人的限制和顧慮以外，如果你想要擁有推出最佳方案的自由，產品經理必須說服每個利害關係人相信他不僅了解問題，也會致力提出不僅對顧客有效，也對利害關係人可行的方案。而且，產品經理的做法必須真誠。我之所以強調這點是因為，如果利害關係人不相信產品經理會解決他們顧慮的問題，他們會使問題增溫或試圖介入掌控。

成功的策略

成功管理利害關係人，意指利害關係人尊重你和你的貢獻。他們相信你了解他們的顧慮，也會確保你的方案對他們有益，相信你會讓他們知道重要的決定或變化。最重要的是，會給你空間，讓你盡可能

提出最好的解決方案，即使那些方案最終可能和他們最初設想的完全不同。

與利害關係人培養這種關係並不難，但首先你必須先是稱職的產品經理。所謂稱職，尤其是指你對顧客、分析、技術、產業、特別是事業的深入了解。少了這種深入了解，他們就不會相信你（持平來說，他們也不該相信你）。我們之所以向組織展示這些知識，主要是為了公開分享學到的東西。有了這個基礎後，關鍵技術是跟利害關係人一對一交流，坐下來聆聽他的想法。對他說，你愈了解他的限制，就更能開發出愈好的方案。你應該對他們提出很多問題，保持心胸開放，開誠布公。

產品經理面對利害關係人時，常犯的一個錯誤是：等到方案打造出來後，才向利害關係人展示。有時會出問題，是因為產品經理並未清楚了解限制。這種情況發生時，不僅利害關係人感到失望，工程團隊對於要重新來過也會感到失望。所以，把方案列入產品待辦清單以前，一定要在產品探索流程中，先對關鍵的利害關係人扼要介紹你的方案。這是產品探索的關鍵之一。在探索中，你不僅要確保你的方案對顧客有價值，方便好用；對工程師來說切實可行；還要確保利害關係人支持你提議的方案。

另一個常見的大錯誤，是發生在最後產品經理的意見和利害關係人的意見相互對立時。這種情況下，利害關係人通常會勝出，因為他們通常比較資深，職級較高。不過，前面也多次討論到，扭轉局勢的關鍵是迅速做測試及收集一些證據。把討論從表達意見轉變成展現資料，公開分享從測試中得知的資訊。也許最後會發現，雙方的意見都

不對。探索流程的設置，就是為了做那些測試。

　　重點是和利害關係人培養合作、相互尊重的個人關係。對多數公司來說，為了讓利害關係人知道最新狀況，以及獲得他們對新概念的意見，產品經理每週需要花 2、3 個小時（跟每位關鍵的利害關係人開半小時的會議），我最喜歡的做法是某週和涉入最深的利害關係人共進午餐或喝咖啡。

　　許多產品經理告訴我，他們與不同的利害關係人做商業可行性測試的方式，是安排一場大型的集體會議，邀請所有的利害關係人參加。然後，產品經理在會中向他們展示團隊想打造的東西，通常是以 PowerPoint 簡報的形式進行。

　　這樣做有兩個非常嚴重的問題，可能還會使你的職涯發展受限。首先，簡報非常不適合用來做商業可行性測試，原因在於簡報太模稜兩可了。律師需要看你提議採用的螢幕、頁面和措辭。行銷部門的領導者希望看到實際的產品設計。安全部門的領導者需要看到產品確切能做什麼。簡報都不適合做這些事情。相反的，高擬真的用戶原型則是理想的工具。除非是高擬真的原型獲得簽核，否則我會勸大公司的產品經理千萬不要相信任何東西的簽核。我看過太多次下面的悲劇：管理高層聽完簡報後答應開發，但是他們看到實際成品時，卻出現極度震驚、失望，甚至明顯動怒的反應。

　　第二個問題是，集體開會無法設計出卓越的產品。這種討論結果是一種委員會設計（design by committee），頂多只能得到平庸的結果。你應該跟每位利害關係人私下見面，讓他看高擬真的原型，並給他機會提出顧慮。這種方式聽起來可能很麻煩，但相信我，長遠來看，這樣做其實更省事、省時，也減少痛苦。最後要注意：在許多公司裡，

一些利害關係人可能連產品的功能都不了解，有些人甚至會覺得產品威脅到他們的角色。你要敏銳地注意這些反應，可能需要花些時間說明產品的角色，以及科技產品公司如何運作、及其原因。

深入閱讀 | 由好變差

很多人寫過管理成長時所面對的挑戰，尤其是擴大組織規模時，維持員工素質的重要性。很多公司在成長後，確實迅速創新及持續創新的能力都變差了，但多數人把創新能力變差歸因於公司規模一大，就很難維持員工的素質、流程和溝通。認為那是無可避免的。

我看到許多本來做得很好、大幅成長的公司，但是隨著時間、在無意識間開始以糟糕的行為取代好的行為。我沒看過任何人寫過這種反面模式（anti-pattern），我把這些現象寫出來多少會讓不人感到不安。但這是很嚴重、應該提出來說明的議題，只要意識到公司有這種問題，就不是難以避免的事。

這種情境是發生在新創公司的後期或成長階段的公司，可能已經達到「產品與市場適配」（至少最早推出的產品是如此）。能夠達到那個境界，表示你可能做對了一些重要的事情。但你獲得可觀的資金之後，董事強烈建議你找個經驗豐富的大人來監督公司，或你從知名公司挖些經驗豐富的人過來。但問題是，你挖過來的人往往來自停止成長的知名大公司，那種公司早就失去

創新能力了，多年來一直依靠品牌生存。正因為如此，他們不再像以前那樣蓬勃發展，所以員工才會離開。

你會希望你的員工和領導者都是從 Google、Facebook、Amazon、Netflix 招募過來的嗎？你當然想，但那種人才供應短缺，而且其他公司也有很多優秀的人才。

假設你是一家處於成長階段的年輕公司，你決定從甲骨文（Oracle）之類的知名公司挖一位資深領導者過來（可能是產品主管、工程主管或行銷主管），你的董事會可能會很喜歡。但除非一開始就說清楚，不然新的領導者可能會以為你是因為他很了解流程、又知道如何定義及交付產品，所以才挖角他。於是，他把認為該有的運作方式帶來新公司，更糟的，他也會招募想要以那種方式工作的人。

注意，這裡舉甲骨文為例，但甲骨文肯定不是唯一的例子。甲骨文有很多優秀的人才可以挖角，因為甲骨文很愛收購公司，而且鎖定的大多是非常優秀的公司，但那些因為公司遭到收購而加入甲骨文的優秀產品、設計、技術人才，都不喜歡甲骨文的文化或開發產品的方式。

我看到這種反面模式發生在公司的各個層級，從工程師到最高層的執行長都發生過。這種情況不是一夜間發生的，而是在多年間慢慢發生。我看過太多例子了，多到讓我相信這是一種反面

模式。很多人可以直覺感應出這個問題，但往往把問題歸因於「大公司的人」，但這個問題其實跟來自大公司比較無關，而是因為來自一個產品不強的公司。

我知道有 2 種方法可以避免這個問題影響你的公司：

- 培養很強大、意圖明顯的產品文化並扎穩根基，讓新進員工知道自己加入一個不同類型的公司，而且這家公司以他們運作的方式和最佳實務為榮。你加入 Netflix、Airbnb、Facebook 時，最初幾天就會明顯意識到這點，那是他們刻意營造的氛圍。

- 在面試及新進員工入職訓練中，清楚告知新人這點。我擔任顧問時，常加入公司的面試團隊，幫忙面試資深人員。每次遇到應試者來自產品不強的公司時，都會事先把話說清楚。我們會談到為什麼他的前雇主已經多年沒推出成功的產品，我會跟應試者強調新公司對他感興趣，是看上他的天賦和頭腦，希望他們不要把前公司的壞習慣帶過來。

根據經驗，當你開誠布公地談論這件事時，對方的接受度很高。事實上，應試者常告訴我，那正是他們想要離開前公司的主因，所以重點是讓你和他們都很清楚這點。

第 62 章

傳播產品的學習心得

在新創公司分享所學是很自然的事，因為新創公司的產品團隊和公司基本上是一體。然而，隨著企業規模擴大，分享變得更加困難，但也變成愈來愈重要。

我很愛使用一種技巧來促進學習的分享：由產品領導人在每週或每兩週舉行的全體員工會議或類似的會議上，花 15 到 30 分鐘說明不同產品團隊在產品探索中的學習心得。注意，這是為了分享比較重要的學習心得，而不是較小的事情（什麼有效、什麼無效，以及團隊打算下週嘗試什麼）。

這種近況報告需要快速進行，而且只談重要的學習心得，這是我喜歡由產品副總來主導會議的原因。這不是要求每個產品經理逐一在大家面前詳細地報告最新狀況，花 1、2 個小時談一些多數人覺得太瑣碎的細節；這也不是用來回顧衝刺計畫。這種近況報告是為了達成幾個目的，有的目的跟計策有關，有的跟文化有關：

● 重要的學習心得應該廣泛地分享，尤其是事情發展不如預期的時候。這樣做的附帶好處是，有時聽眾提出的見解正好可以說明結果為什麼是那樣。

- 這是讓不同的產品團隊知道其他團隊學到什麼的實用簡單方法，也可以確保實用的學習心得傳到領導者那裡。
- 這種技術可以鼓勵產品團隊專注於重大的學習上，而不是專注於沒有真正的顧客或事業影響力的小實驗。
- 文化上，組織必須明白，探索和創新是為了持續做這些快速的實驗並從結果中學習。
- 文化上，產品部門也應該要透明，大方地分享所學及運作方式。這樣做可以幫更廣泛的組織了解：產品部門的存在不是「為了服務事業」，而是為了以對事業有益的方式為顧客解決問題。

第 63 章

產品經理側寫：Apple 的赫斯特

我想在此介紹另一位非常優秀的產品經理赫斯特（Camille Hearst）。赫斯特是 Apple iTunes 團隊的產品經理，你可以想像，他年輕時負責開創新局的顛覆性產品，是多麼深刻的學習體驗，尤其那幾年間 Apple 剛好把 iTunes 從原本的數位版權保護（DRM）格式，轉換成 DRM-free 格式。那轉變是將 iTunes 真正變成大眾產品的關鍵。

當公司面對的客群從早期採用者轉向大眾市場時，那涉及多方面的努力，有些和產品有關，有些和行銷有關，有些和二者的混合有關。iTunes 團隊與《美國偶像》（*American Idol*）電視節目的合作就是二者混合的好例子。事實證實，對 iTunes 團隊來說，這個行動是最戲劇性、能見度最高，也最具挑戰性的任務。

2008 年，《美國偶像》可說是大眾文化的指標，有 2,500 萬以上的觀眾每週收看那個節目 2 次，觀眾重複參與的現象前所未見。Apple 從這個節目中發現向目標市場介紹 iTunes 及數位音樂的大好機會。他們不僅可以銷售參賽者比賽時唱的歌曲，也可以把 iTunes 變成消費者生活中不可或缺的一部分。不過，這樣做的潛力雖大，挑戰也很大。

iTunes 的副總裁艾迪・庫伊（Eddy Cue）和其他人負責談妥商業

優秀的產品經理會為棘手的問題找出創意解方。

交易,身為產品經理的赫斯特必須負責整合許多面向以落實產品概念。例如,《美國偶像》節目非常依賴觀眾投票。Apple 很快就發現,選手的音樂銷量是預測票選結果的明顯指標。所以, iTunes 的設計本來會顯示熱門音樂及熱賣的專輯。但在這個例子中,他們必須極其小心,以免影響票選。這對《美國偶像》的製作人來說顯然非常重要,因為 iTunes 公布的訊息可能會降低、甚至消除票選製造的緊張懸疑感,導致觀眾不再繼續追看下週節目以了解哪位參賽者順利晉級。

這種節目整合也讓產品團隊可以鎖定一個非常具體的客群,努力刺激那個客群的參與度。其中一個關鍵做法是,讓還沒安裝 iTunes 程式的人可以輕易連上 iTunes。赫斯特和他的團隊正面迎擊這些挑戰,推出配合《美國偶像》體驗的技術方案,但也把 iTunes 變成歌迷生活中的關鍵要素。2014 年,iTunes 在改為串流形式之前,為 Apple 貢獻了約 200 億美元的營收。

我覺得這是優秀的產品經理想辦法為棘手的問題找出創意解方的絕佳例子。赫斯特後來加入了 YouTube 團隊,接著到總部位於倫敦的 Hailo 公司擔任產品領導者,現在他是紐約市某家新創公司的執行長。

第5篇

適合的文化

　　我們已經談了很多資訊，這時值得先退一步，思考底下幾個主題的範疇：產品經理這個角色如何定義、如何與產品團隊合作，以及為了迅速提出值得打造及交付給顧客的產品所使用的技術等等。我們很容易糾結在這些細節中，但真正重要的是，為成功營造合適的**產品文化**。在最後幾章中，會關注對產品經理的成敗最重要的事情，尤其優秀的產品團隊如何運作，強大的產品公司如何為這些產品團隊提供能夠蓬勃發展的環境？

第64章

優秀與糟糕的產品團隊

我有幸和世界上許多最優秀的科技產品團隊合作，這些人打造出你每天使用及喜愛的產品，他們確實改變了世界。我也曾經以顧問的身分，受聘協助一些狀況不太好的公司。例如，新創公司急著在資金燒光以前把事業做起來；大公司努力複製早期的創新；團隊無法持續為事業增添價值；領導者對於概念的實現花了太長的時間而感到失望；工程師對產品經理的做法感到惱火等等。

這些經驗讓我學到，頂尖產品公司創造科技產品的方式和其他公司截然不同。我指的不是細微差異，而是從領導者的行為，到團隊獲得的授權度，再到組織如何思考資金、人員配置、產品生產，乃至於產品、設計和工程人員如何合作找出對顧客有效的方案等等都大不相同。

這一章是向班・霍羅維茲（Ben Horowitz）的經典文章〈優秀與糟糕的產品經理〉致敬。我想讓尚未參與或貼近觀察優秀產品團隊的人，有機會大致了解優秀和糟糕的產品團隊之間有哪些重要差異：

- 優秀的團隊有引人注目的產品願景，他們抱著傳教士般的熱情去實現那些願景。糟糕的團隊有如一群傭兵。

- 優秀的團隊從他們的願景和目標、觀察顧客的煩惱、分析顧客使用產品所產生的資料、不斷尋求應

優秀的團隊有引人注目的產品願景，團隊抱著傳教士般的熱情實現願景。糟糕的團隊有如一群等待指令的傭傭兵。

用新技術來解決實際問題中，獲得靈感和產品創意。糟糕的團隊則是從業務人員和顧客那裡收集需求。

- 優秀的團隊了解每個關鍵的利害關係人是誰，了解這些利害關係人運作時需要注意的限制，他們致力開發的方案不僅適合用戶和顧客，也符合事業營運時所受到的限制。糟糕的團隊是從利害關係人收集需求。

- 優秀的團隊精通多種測試產品概念的技術，以便迅速測試概念，判斷哪些概念值得開發。糟糕的團隊會召開會議，以制定大家視為優先要務的產品路徑圖。

- 優秀的團隊喜歡與公司內精明的意見領袖討論，腦力激盪想法。糟糕的團隊聽到團隊外有人斗膽建議他們做某事時，就覺得對方憑什麼大放厥詞。

- 優秀的團隊是讓產品、設計、工程坐在一起共事，在功能、用戶體驗、技術之間做一些取捨。糟糕的團隊是成員分散在各自獨立的空間，要求別人對他們提出服務要求時，開出需求單及開會討論。

- 優秀的團隊不斷地嘗試新的概念以求創新，但他們是以保護營收與品牌的方式進行創新。糟糕的團隊仍在等待測試許可。

- 優秀的團隊堅持他們一定要具備開發卓越產品所需的技能，例如強大的產品設計。糟糕的團隊連產品設計師是什麼都不

知道。

- 優秀的團隊確保工程師每天都有時間測試探索中的原型，以便提出意見，使產品變得更好。糟糕的團隊在衝刺計畫期間向工程師展示原型，好讓他們可以評估。

- 優秀的團隊每週都與最終用戶和顧客直接接觸，以便更了解顧客及觀察顧客對最新創意概念的反應。糟糕的團隊認為他們就是顧客。

- 優秀的團隊知道，他們喜歡的許多想法最後不見得適合顧客，即使是適合顧客的創意概念，也需要經過反覆修改才能達到他們想要的結果。糟糕的團隊只照著產品路徑圖做事，只要能如期交付及確保品質，他們就滿意了。

- 優秀的團隊了解速度很重要，也知道迅速的反覆開發是創新的關鍵。他們知道這種速度來自於使用正確的技術，而不是一股腦兒埋頭苦幹。糟糕的團隊抱怨同事不夠努力，以致於效率低下。

- 優秀的團隊在評估需求及確保他們的方案對顧客和公司都可行後，便做出高誠信的承諾。糟糕的團隊抱怨自家公司是業務導向。

- 優秀的團隊會在系統中加入適合的工具，以便立即掌握顧客如何使用產品，並根據收集到的資料來調整產品。糟糕的團隊認為分析和報告是不錯的參考資訊，但可有可無。

- 優秀的團隊持續地整合及發布產品，他們知道不斷的小規模更新可以為顧客提供更穩定的方案。糟糕的團隊是在痛苦的整合階段結束後進行手工測試，然後立即發布所有的內容。

- 優秀的團隊非常關注參考客戶，糟糕的團隊是密切關注競爭對手。
- 優秀的團隊對商業結果產生重要的影響時，他們會慶祝一番。糟糕的團隊則是慶祝他們終於發布東西了。

如果你覺得上面有關糟糕團隊的描述根本就是在講你的團隊，希望你可以幫團隊提高標準。看能不能運用本書提到的技術加以改善。

第65章

失去創新的主因

　　我把「**持續創新**」定義為團隊不斷為事業增添價值的能力。許多組織的規模一大，就失去創新的能力，令領導者和產品團隊的成員都大失所望。這也是有些人離開大公司，轉戰新創企業的主因之一。

　　但失去創新能力絕對不是無可避免的。一些最擅長持續創新的公司其實規模極其龐大，例如 Amazon、Google、Facebook、Netflix 等等。組織規模一大就失去創新力，通常是因為缺乏下列的一個或多個屬性：

- **顧客至上的文化**。誠如 Amazon 的執行長貝佐斯所言：「即使顧客表示開心，公司生意也不錯，但顧客永遠不滿足。即使他們還不知道自己缺什麼，但顧客總是想要更好的東西。你想要取悅顧客的渴望，會促使你為顧客開發出更好的商品。」公司如果無法那樣關注顧客，並經常直接與顧客接觸，會失去這種熱情及靈感的重要來源。

- **引人注目的產品願景**。公司擴大規模後，原來的產品願景大多已經實現了，團隊因此不知道接下來的方向。此外，創辦人可能也已經離開，他們可能就是願景的推動者，這又導致狀況更加複雜。在這種情況下，其他人（通常是執行長或產品副總）

需要挺身而出，遞補這個
空缺。

- **目標明確的產品策略**。意
  圖同時取悅所有的人，注

定會導致產品失敗，但大公司常忘了這個現實。產品策略需要
詳細列出產品團隊關注的目標市場順序。

- **卓越的產品經理**。缺乏卓越又能幹的產品經理，通常是缺乏產
  品創新的主因。公司還小時，執行長或共同創辦人常扮演這個
  角色。但公司規模一大，每個產品團隊都需要一個卓越又能幹
  的產品經理。

- **穩定的產品團隊**。持續創新的先決條件之一，是團隊要有機會
  了解空間、技術、顧客的痛苦。如果團隊成員總是來來去去，
  這種情況就不會發生。

- **工程師參與產品探索**。創新的關鍵往往是團隊中的工程師，但
  這表示（a）從一開始就要把工程師納入團隊，不能等到最後
  才加入，（b）讓工程師直接接觸顧客的痛苦。

- **企業的勇氣**。許多公司規模一大以後，就開始迴避風險，這不
  是什麼秘密，畢竟這時失敗的代價變大了。但最好的科技產品
  公司都知道，最危險的策略是停止冒險。我們在運作上確實應
  該精明，但冒險顛覆現有事業的意願是持續創新的必要條件。

- **授權產品團隊**。公司一開始可能是採用最佳實務，但營運規模
  一大就退步了。如果你現在只能把路徑圖交給產品團隊，你就
  別再指望獲得授權產品團隊的效益。切記，授權是指團隊能夠
  以他們認為最合適的做法來處理和解決公司指派他們完成的

任務。

● **產品思維**。在 IT 思維的公司中，產品團隊的存在是為了滿足事業的需求。相反的，在產品思維的公司中，產品團隊的存在是為了以符合事業需求的方式來服務顧客。這兩種思維所衍生的差異很多，也很深遠。

● **創新時間**。公司規模一大時，產品團隊可能所有的心思都花在**維持日常運作**上。修補系統漏洞、為事業的不同部門安裝新功能、處理技術債等等。如果你處於這種情況，缺乏創新是意料中的事。有些現象是正常且健康的，但你應該確保團隊有空間去解決更難、影響更大的問題。

我希望你注意到上面基本上是在描述一種持續創新的文化。重點是文化，而不是流程或其他的東西。

第66章

不再快速的主因

　　隨著組織成長，運作速度減緩並不少見，但這不是必然的。在最好的組織中，他們還是可以加速運作。但如果你看到組織運作減緩，可以先注意以下幾點。

- **技術債**。架構通常不會促進或支援產品的快速演進。這不是一朝一夕就能解決的問題，但需要大家同心協力持續處理。

- **缺乏卓越的產品經理**。缺乏卓越又能幹的產品經理通常是產品開發減緩的主因。產品經理無能時，會以多種方式顯像出來。你會明顯看到整個團隊變成一群僱傭兵，而不是傳教士。產品經理沒有激勵或鼓舞團隊，或團隊對產品經理失去了信心。

- **缺乏交付管理**。交付經理的最重要功能是移除障礙。科技組織成長時，障礙清單會出現非線性的成長。如果沒有人積極地移除障礙，多數障礙不會很快消失。

- **發布週期的頻率太低**。多數速度緩慢的團隊，發布產品的頻率太低。團隊的發布頻率不該低於兩週一次（卓越的團隊每天發布數次）。修正發布頻率，是指認真看待測試自動化和發布自動化，讓團隊可以有信心地迅速發布。

●**缺乏產品願景和策略**。團隊必須對於大局以及當前的任務如何為整體做出貢獻有清楚的願景。

●**缺乏同處一地又持久的產品團隊**。如果團隊分散在各地，或者更糟的是，找外包的工程師，不僅創新會大幅減少，組織運作的速度會也大受影響，連簡單的溝通都變得很困難。有時情況糟到有些公司還會增設一群人，負責在團隊與外包商之間進行協調和溝通，那通常只會導致情況更加惡化。

●**在產品探索過程中，沒有趁早納入工程師**。工程師需要從構思開始就參與產品探索流程。趁早把他們納入團隊中，他們往往會提出另類的做法，讓產品經理和設計師做調整，以大幅加快運作速度。若不早點納入工程師，他們提出重要意見時，往往為時已晚。

●**產品探索期間不使用產品設計，等工程師開始打造產品時，才同時做產品設計**。這樣做不僅會減慢速度，又會導致設計不良。

●**改變優先要務**。迅速更改優先要務會引起人事大變動，大幅降低整體生產量和士氣。

●**追求共識的文化**。許多組織努力追求共識，雖然立意良善，但實務上往往導致決策難以確立，拖累整體速度。當然，導致產品開發減緩還有其他因素，但根據經驗，以上是最常見的原因。

第 *67* 章

培養強大的產品文化

我們已經討論了產品團隊及探索產品的技術，但希望你注意到，其實這本書真正在談的是**產品文化**。我已經描述述了優秀的產品公司是如何思考、組織、運作的。

我是從兩個面向來思考產品文化。第一個面向是公司能否持續創新，為顧客提供有價值的方案，這正是產品探索的意義所在。第二個面向是執行。無論產品創意有多出色，只要無法產品化，做成可交付給顧客的版本，都是枉然。這正是產品交付的意義所在。

最後一章的目標，是描述「強大的**創新**文化」vs.「強大的**執行**文化」的特點。擁有強大的創新文化意味著什麼？

- **重視實驗**：團隊知道他們可以執行測試，有些測試會成功，很多測試會失敗，這些都是可以接受與理解的。
- **思想開明**：團隊知道好創意可能來自任何地方，不見得一開始就顯而易見。
- **充分授權**：個人和團隊覺得他們獲得授權，可以去測試概念。
- **重視技術**：團隊意識到新技術、資料分析、顧客都可以促成真正的創新。

本書真正談論的是產品文化。優秀的產品公司如何思考、組織、運作。

- 團隊熟悉事業和顧客，整個團隊（包含開發人員在內）都非常了解商業需求和限制，也了解及接觸用戶和顧客。

- **重視技能及員工多元化**：團隊知道不同的技能和背景有助於構思創新方案，尤其是工程、設計、產品人才。

- **熟悉探索技術**：已經有迅速又安全地測試概念的機制（保護品牌、營收、顧客和同事）。

擁有強大的執行文化意味著什麼？

- **迫切性**：員工覺得他們處於戰爭時期，不迅速行動的話，就大難臨頭了。

- **高誠信的承諾**：團隊了解承諾的需要和效用，但他們堅持只做高誠信的承諾。

- **充分授權**：團隊感覺他們有工具、資源、許可去履行承諾。

- **當責**：團隊與成員對於履行承諾有很深的責任感。問責制也意味著承擔後果，除非是極端及一錯再錯的情況，不然團隊不至於遭到解散，但團隊在同儕之間的聲譽可能會受到影響。

- **通力合作**：雖然團隊自治和授權很重要，但團隊知道他們更需要通力合作，以完成許多最大和最有意義的目標。

- **結果為重**：焦點究竟是放在產出、還是結果上？

- **給予肯定**：團隊常從獎勵及接納中察覺線索。他們會注意看，究竟是提出絕佳創意的團隊獲得獎勵，還是履行艱難承諾的團隊獲得獎勵？如果未履行承諾可以輕易獲得原諒，那又意味著什麼？

如果這些特徵有助於定義一種文化，這也帶出了一些更棘手的問題：

- 創新文化是否本質上就和執行文化有些衝突？
- 強大的執行文化是否會導致工作環境的壓力太大或環境惡化？
- 這兩種文化分別吸引及需要哪種類型的人才（包括領導者）？

我可以告訴你，確實有一些公司同時擁有持續創新的文化及超強的執行文化，Amazon 就是一例。不過，Amazon 的工作環境不適合心臟不夠強的人也是眾所皆知的事實。我發現多數執行力超強的公司都很操勞。

以我共事過的公司為例，只有少數幾家公司在創新和執行方面都很強；許多公司擅長執行，但創新薄弱；有些公司善於創新，但執行力普通；還有不少公司是創新和執行力都不行（通常是老公司，他們老早就失去產品魅力，但仍有強大的品牌和客群當靠山）。總之，我希望你和團隊可以考慮以上述的創新面和執行面來評估自己，然後自問你們這個團隊或公司想成為什麼樣子，或需要變成什麼樣子。

謝辭

為了撰寫本書、分享頂尖產品公司的最佳實務，我先向許多傑出人才學習。我何其有幸，多年來一直有機會和業界最優秀的人才和公司共事。從他們每個人身上我學到很多，其中有些人對我影響特別深遠，必須在此感謝他們。

首先，也是最重要的，是我在矽谷產品團隊公司（SVPG）的合夥人 Lea Hickman、Martina Lauchengco、Chris Jones。他們之所以成為我的同事，是因為他們的才能令我非常欽佩，多年來惠我良多。

我也要感謝 Peter Economy、Jeff Patton、Richard Narramore 幫忙審閱及改進這本書。

這本書的起源是當年我在網景（Netscape Communications）撰寫的教材。那時網景提供了絕佳的學習機會，我在那裡與一些聰明絕頂的夥伴共事，因此累積很多有關產品和領導方面的見解。這些人包括：Marc Andreessen、Barry Appelman、Jennifer Bailey、Jim Barksdale、Peter Currie、Eric Hahn、Basil Hashem、Mike Homer、Ben Horowitz、Omid Kordestani、Keng Lim、Bob Lisbonne、Debby Meredith、Mike McCue、Danny Shader、Sharmila Shahani、Ram Shriram、Bill Turpin、David Weiden。

在 eBay，我要特別感謝 Marty Abbott、Mike Fisher、Chuck Geiger、JeffJordan、Josh Kopelman、ShriMahesh、Pierre Omidyar、Lynn Reedy、Stephanie Tilenius、Maynard Webb。

以上提及的每一位都直接影響、灌輸我本書收錄的觀念。有些人

直接協助、指導我，有些人則是透過領導及行動以身作則，而我有幸親眼見證他們的運作方法。

我在這些卓越的公司任職時，確實獲得寶貴的學習經驗，之後我開始以 SVPG 顧問與教練身分和許多科技公司共事時，也有機會和許多頂尖公司的產品領導者見面、共事，因此受益匪淺。這些人實在太多了，無法逐一列舉，但他們都知道我指的是誰，我很感謝能跟你們每一位共事合作。

這本書是以多年來撰寫部落格和電子報為基礎，每個主題都根據全球各地數千位產品經理及產品領導者的意見和回饋做了改進。我在此感謝每位閱讀及分享那些文章及留言的讀者。

最後，了解我老東家文化的人都知道，那些公司的上班時間很長，要不是有妻兒的長年支持，我不可能致力為公司效勞。

延伸資訊

矽谷產品團隊網站（www.svpg.com）是免費的開放資源，上面分享最新的見解，以及從世界頂尖科技產品學到的知識。上面也有書中描述的技術範例（參見 www.svpg.com/examples）。

如果你有心成為產品經理，我們偶爾會推出密集的訓練課程，通常是在舊金山、紐約、倫敦舉行。目標是分享最新的學習心得，並為有志成為科技產品經理的人提供難得的職涯經驗（見 www.svpg.com/public-workshops/）。

如果貴公司覺得整個技術和產品部門都需要徹底改變，才能推出卓越的科技產品，我們也可以到貴公司提供量身打造的培訓課程。

多種服務的詳細資訊，以及提供這些服務的 SVPG 合夥人資料，可上 www.svpg.com 取得。

Note

Note

Note

_____

_____

_____

_____

_____

_____

_____

_____

_____

_____

_____

_____

_____

_____

_____

_____

_____

_____

_____

_____

Note

_____

_____

_____

_____

_____

_____

_____

_____

_____

_____

_____

_____

_____

_____

_____

_____

_____

_____

_____

矽谷最夯・產品專案管理全書

專案管理大師教你用可實踐的流程打造人人喜愛的產品

作　　者	馬提・凱根（Marty Cagan）
譯　　者	洪慧芳
商周集團執行長	郭奕伶
視覺顧問	陳栩椿
商業周刊出版部	
總 編 輯	余幸娟
責任編輯	潘玫均
封面設計	走路花工作室
內頁排版	juppet
出版發行	城邦文化事業股份有限公司 - 商業周刊
地　　址	104 台北市中山區民生東路二段 141 號 4 樓
	電話：(02)2505-6789　傳真：(02)2503-6399
讀者服務專線	(02)2510-8888
商周集團網站服務信箱	mailbox@bwnet.com.tw
劃撥帳號	50003033
戶　　名	英屬蓋曼群島商家庭傳媒股份有限公司城邦分公司
網　　站	www.businessweekly.com.tw
香港發行所	城邦（香港）出版集團有限公司
	香港灣仔駱克道 193 號東超商業中心 1 樓
	電話：(852)25086231　傳真：(852)25789337
	E-mail：hkcite@biznetvigator.com
製版印刷	中原造像股份有限公司
總 經 銷	聯合發行股份有限公司　電話：(02) 2917-8022
初版 1 刷	2019 年 5 月
初版 10.5 刷	2024 年 2 月
定　　價	430 元
I S B N	978-986-7778-62-8

矽谷最夯・產品專案管理全書：專案管理大師
教你用可實踐的流程打造人人喜愛的產品 / 馬
提．凱根 (Marty Cagan) 著；洪慧芳譯 . -- 初版 .
-- 臺北市：城邦商業周刊, 2019.05
　面；　公分 . -- (藍學堂；94)
譯自：INSPIRED：how to create tech products
customers love
ISBN 978-986-7778-62-8(平裝)

1. 商品管理 2. 專案管理

496.1　　　　108004975

藍學堂

學習・奇趣・輕鬆讀